中経の文庫

中学3年間の数学を この1冊でざっと復習する本

吉永豊文

JN211531

KADOKAWA

はじめに

　この本は「中学数学を短時間で、しかも楽しく復習していきたい」「数学をやり直したいけど、堅苦しい用語は苦手」と感じている方にも、理解できる喜び、解く楽しみを感じていただきながら、中学数学をおさらいしていただく本です。

　1＋1＝2は、世界どこでも通用しています。グローバル化している世界では、コミュニケーションの道具としても数学が役立っているのです。中学数学では日常生活で必要とされる、割合、為替の計算等も出てきます。とても重要な内容が詰まっているのです。

　この本の中では、「とよくん塾」で毎日飛び交っている「わからない！」の声を解消していく過程を、先生と生徒さんの会話で再現しております。楽しみながら読み進んでもらえ、実力アップを実感してもらえると思います。

　最後にお礼を述べさせていただきます！ 執筆のきっかけを作ってくれた、兄の吉永賢一。僕を日々鍛えてくれている塾生や卒業生のみんな。特に貴重な意見をしてくれた大西正徳君。そして、いつも僕を支えてくれている妻の美幸、息子の陽豊。みなさんのおかげで素晴らしい本になりました。本当にありがとうございます‼

この本の特色と使い方

○中学数学に自信のない方にも理解していただける工夫が本の随所にちりばめられています。

○間違やすいところ、問題を解くときの「どうしてそうなるのか？」を言葉に直して丁寧に解説しています。

○先生と生徒さんの会話形式のやりとりの中で楽しく数学を学んでもらえます。

○数学用語用語をわかりやすくするため、なるべく日常語に置き換えながら説明しております。

○どこから読んでいただいても大丈夫ですが、最初から読み進めて頂くことにより積み重ねの効果を感じてもらえるようになっております。

○紙と鉛筆を用意しなくても、文中の問いかけに答えていくことで、問題を解いている時の頭の使い方を体験してもらえます。

○数式変形等がわかりづらいときは、右にあるナビゲーションを参考にしてください。自信のある方は、気にせずどんどん進んでいきましょう。

Contents

はじめに ……………………………………………… 002
この本の特色と使い方 ……………………………… 003

第1章 数と計算

- その❶ 負 の 数 …………………………………… 008
- その❷ 負の数を含んだ四則演算 ………………… 012
- その❸ 文 字 式 …………………………………… 025
- その❹ 素因数分解 ………………………………… 031
- その❺ 平方根とルート …………………………… 034

第2章 多項式 1次方程式 連立方程式

- その❶ 多 項 式 …………………………………… 046
- その❷ 1次方程式 ………………………………… 052
- その❸ 連立方程式 ………………………………… 061

第3章 展開と因数分解

- その❶ 展　　開 …………………………………… 068
- その❷ 因数分解 …………………………………… 072

第4章 2次方程式

- その❶ 2次方程式の3つの解き方 ・・・・・・・・・・・・・・・・・・・ 088
- その❷ 因数分解で解く解き方 ・・・・・・・・・・・・・・・・・・・・・・ 090
- その❸ 平方根を使う解き方 ・・・・・・・・・・・・・・・・・・・・・・・・ 094
- その❹ 2次方程式の解の公式 ・・・・・・・・・・・・・・・・・・・・・・ 098

第5章 比例 反比例 1次関数

- その❶ 比　　例 ・・・・・・・・・・・・・・・・・・・・・・・・・・・・・・・・・ 102
- その❷ 反 比 例 ・・・・・・・・・・・・・・・・・・・・・・・・・・・・・・・・・ 115
- その❸ 1次関数 ・・・・・・・・・・・・・・・・・・・・・・・・・・・・・・・・・ 121

第6章 関数 $y=ax^2$

- その❶ 関数 $y=ax^2$ の基本 ・・・・・・・・・・・・・・・・・・・・・・ 136
- その❷ 関数 $y=ax^2$ の応用 ・・・・・・・・・・・・・・・・・・・・・・ 146

第7章 確率 文章問題

- その❶ 確　　率 ・・・・・・・・・・・・・・・・・・・・・・・・・・・・・・・・・ 154
- その❷ 文章問題 ・・・・・・・・・・・・・・・・・・・・・・・・・・・・・・・・・ 165

第8章 平面図形の基礎 合同と相似

- その❶ 平面図形の基礎 …………………………………… 192
- その❷ 三角形の合同 …………………………………… 206
- その❸ 三角形の相似 …………………………………… 215

第9章 いろいろな平面図形

- その❶ 三角形と四角形 …………………………………… 224
- その❷ 平行線が作る相似な三角形 …………………… 247
- その❸ 円の円周角と中心角 …………………………… 252

第10章 空間図形 立体図形

- その❶ 平面と直線の位置関係 …………………………… 264
- その❷ 柱と錐、回転体 …………………………………… 271
- その❸ 空間図形の展開図 ……………………………… 277

本文デザイン／ムーブ

第1章

数と計算

- その1 負の数
- その2 負の数を含んだ四則演算
- その3 文字式
- その4 素因数分解
- その5 平方根とルート

その1 負の数

● 負の数を数直線で実感しよう！

中学数学の大きな特徴は負の数が出てくることです。この負の数を図で理解させてくれるものが**数直線**です。

温度計も0℃を境にプラスとマイナスが使われていますね。

温度計の目盛りも数直線といえるね。では、プラスとマイナスでは何が同じで違うのか。+2と−2のペアで考えてみよう。

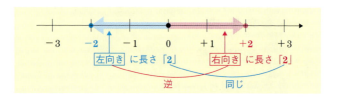

この図から、
- 同じ点（数字の部分）＝0からの**距離**（矢印の長さ）
- 違う点（±の部分）＝0から見て、矢印が**左向き**か**右向き**か。

ということがわかるね。

「0からの距離は同じだけど、方向が逆」ということですね！

ここで、数字の表し方もおさらいしておこう。

●**数字は2つのパーツからできている！**

❶ この部分で正か負（数直線の左右のどちらになるか）を表す。この部分を、「**符号**」という。

❷ この部分で、0からどのくらい離れているかを表す。「**絶対値**」のことである。

負の数の基本がわかったところで、問題を解いてみよう。

例題 1

(1) 次の数直線に、−3, +2, +3の点を書き入れましょう。

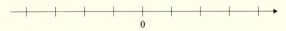

(2) 絶対値が4である数を答えましょう。

解説

数直線上の数は、0 を中心として

向き：プラスは右向きでマイナスは左向き

長さ：数字の部分（**絶対値**）

(1) **−3** は、0 から左向きに長さ3の点

 +2 は、0 から右向きに長さ2の点

 +3 は、0 から右向きに長さ3の点　です。

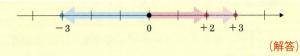

(解答)

(2) 絶対値が 4 ということは**0からの「長さ」が4**ということです。長さが 4 の数は、0 の右と左に、つまりプラスとマイナスの両方がありますね。

+4, −4（解答）

数の大小も数直線で理解しよう！

ところで、－3と－2はどちらが大きいですか？

負の数同士で3と2だから……
でもマイナスだし……

数は、数直線上で右側の数が大きいので、－2が正解。問題でチェックしてみよう。

例題 2

数直線を参考にして考えましょう。

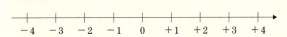

（1）－4と－3はどちらが大きいですか。
（2）－4と－3の絶対値はどちらが大きいですか。

解説

（1）－4よりも右にあるので**－3**（解答）
（2）－3よりも0から離れているので**－4**（解答）

その2 負の数を含んだ四則演算

● 負の数の足し算・引き算

次は計算だよ。まずは足し算と引き算から。
大きい数から小さい数を引く5－3は簡単だと思います。では、3－5のように、もとの数より大きい数を引くのはどうしたらいいかな？

ちょっとややこしいです。

引き算は負の数の足し算とみることができます。
3－5は、3＋（－5）ということもできるんだね。
これを数直線上で表すと、わかりやすくなりますよ。

数直線上での足し算(引き算)

(1) 引き算を負の数の足し算にする。
$$3 - 5 = 3 + (-5)$$
(2) 0を出発として、+は右向き-は左向きにして、はじめの数字の矢印をかく。
(3) 2本目の矢印を1本目の矢印につなげるようにかくと、最終的な矢印の先が計算の答えとなる。

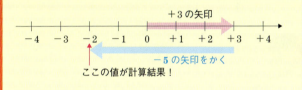

第1章 数と計算

どうかな? 図で見てわかるようになったね。

でも、毎回数直線を書くと時間がかかっちゃいますね。

数直線を使わない計算法もあるんだ。注意点を次にまとめておくよ。

数直線を使わない計算法

(1) 数字の大きい方から、数字の小さい方を引く。

$$5-3=2$$

(2) 負の数の方が数字（絶対値）が大きいことから答えは負の数とわかるので、(1)の結果にマイナスをつける。

$$3-5=-2$$ ↙答えは負の数とわかるので、−をつける

 では、問題をやってみましょう。

例題 3

次の計算をしましょう。
(1) $4-7$
(2) $-5-2$
(3) $3-5+7-8$

解説

(1) 4より7の方が大きいことから計算結果がマイナスになるとわかります。$7-4=3$ の結果を利用しましょう。

↙大きい数−小さい数の計算結果
$$4-7=-3\text{（解答）}$$
↖4より7の方が大きいのでマイナスに

(2) $-5-2=-5+(-2)$ です。負の数どうしの足し算は、数字だけの足し算をして、あとからマイナス符号をつけます。

$$-5-2=-7 \text{ (解答)}$$
↙ $5+2=7$
↖ 負の数どうしの足し算なのでマイナス

(3) いくつかの足し算、引き算からなる計算は、左から順に計算を進めていってもよいのですが、足し算、引き算は順番を変えてもよいので、**同じ符号の数を集めて計算する**と楽にできます。

$$3-5+7-8$$
$$=3+(-5)+7+(-8) \quad \text{←全部足し算にした}$$
$$=3+7+(-5)+(-8) \quad \text{←同じ符号を集めた}$$
$$=10+(-13) \quad \text{←同じ符号どうしをそれぞれを計算}$$
↙ $13-10=3$
$$=-3 \text{ (解答)}$$
↖ 10より13の方が大きいのでマイナスに

第1章 数と計算

負の数のかけ算・わり算

いよいよかけ算とわり算だよ。2×(−2)の計算で考えよう。

−2倍って、どういうことですか？

たしかにわかりにくいよね。負の数を使った計算は一気に計算しようとしないで、次のルールに従って符号を計算してから考えると楽です。

かけ算・わり算の符号のルール
❶ 同じ符号のかけ算・わり算＝プラス
❷ 異なる符号のかけ算・わり算＝マイナス

①数字（絶対値）の計算→2×2＝4
②符号の計算　　　　　→（＋）×（−）＝（−）
よって、2×(−2)＝−4
ですね！

正解！ もう一つ注意することは、**かっこの前のマイナス**です。これは**「－1をかける」**という意味なので、(－1) の掛け算に直してから計算しましょう。例で確認したら、さっそく問題にチャレンジしよう！

例

(－1)×に

$-(-3) = (-1) \times (-3)$
$= +3 = 3$

↖ ＋は省略する

例題 4

次の計算をしましょう。

(1) -4×3 (2) $-2 \times (-5)$
(3) $-6 \div (-2)$ (4) $-(-6)$

解説

符号と数字の部分を分けて計算します！

(1) 数字の計算　$4 \times 3 = 12$

　　符号の計算　$(-) \times (+) = (-)$ より、

　　$-4 \times 3 = \mathbf{-12}$（解答）

(2) 数字の計算　$2 \times 5 = 10$
　　符号の計算　$(-) \times (-) = (+)$ より、
　　$-2 \times (-5) =$ **10**（解答）

(3) 数字の計算　$6 \div 2 = 3$
　　符号の計算　$(-) \div (-) = (+)$ より、
　　$-6 \div (-2) =$ **3**（解答）

(4) かっこの前のマイナスは「-1 をかける」に直します。
　　$-(-6) =$ **(-1)** $\times (-6) =$ **6**（解答）
　　　　　　　$(-1) \times$ へ

わり算はかけ算として計算

わり算は逆数のかけ算と考えて計算しましょう。
逆数とは、分母と分子を入れ替えた数のことです。

わり算は逆数のかけ算

(1) ÷の記号を×にする。
(2) 分母と分子を入れ替えて、逆数にする。

$$\div \frac{a}{b} \Rightarrow \times \frac{b}{a}$$

もし、わる数が整数や負の数ならどうすればいいんですか？

鋭い質問だね。整数は「1分の」をつけて分数にしてから逆数にします。負の数は分母にマイナスがつきますが、このマイナスは分子につけてもかまいません。

分母のマイナスを分子にもってきた

例 $2 \div (-3) = \dfrac{2}{-3} = \dfrac{-2}{3} \left(\text{または} -\dfrac{2}{3}\right)$

例題 5

次の計算をしましょう。

(1) $(-2) \div 7$ (2) $4 \div \left(-\dfrac{3}{5}\right)$

解説

(1) 7は $\dfrac{7}{1}$ と考えます。

(1) ×に
(2) 逆数に

$(-2) \div \dfrac{7}{1} = (-2) \times \dfrac{1}{7} = -\dfrac{2}{7} \left(\text{または}\dfrac{-2}{7}\right)$ （解答）

符号は $(-) \div (+) = (-)$

(2) 分母にマイナスがあるときは分子にもっていきます。

(1) ×に

$$4 \div \left(-\frac{3}{5}\right) = 4 \div \left(\frac{-3}{5}\right) = 4 \times \left(\frac{5}{-3}\right)$$

(2) 逆数に

分母のマイナスを分子にもっていく

$$= 4 \times \left(\frac{-5}{3}\right) = \frac{4 \times (-5)}{3}$$

$$= -\frac{20}{3} \left(\text{または } \frac{-20}{3}\right) \quad \text{(解答)}$$

累乗の計算

$2 \times 2 \times 2 \times 2$ のように同じ数をいくつかかけ合わせたものを、その数の**累乗**といい、2^4（2の4乗）と表します。

a の n 乗は、a を n 個かけ合わせた数のことなんですね。

その通り。問題にチャレンジしてみよう。

例題 6

(1) 次の計算をしましょう。
　① $(-2)^2$
　② -2^2
(2) 次の数を累乗の形に直します。x に適する数を入れましょう。
　$(-3)×(-3)×(-3)×(-3)=(-3)^x$

解説

(1) ① かっこに注目しましょう。これは**−2を2個かける**、ということです。
　　$(-2)^2=(-2)×(-2)=$ **4**（解答）

② この場合はかっこがないので、$(-1)×2^2$ ということです。
　　$-2^2=(-1)×2^2=(-1)×2×2=$ **−4**（解答）
　　　（−1）×へ

(2) 累乗の形とは**〜乗**と指数を用いて表すことです。
　−3 を 4 個かけているので
　$(-3)×(-3)×(-3)×(-3)=(-3)^4$
　　　$x=$ **4**（解答）

いろいろな計算が入り交じった式

＋－×÷や累乗、かっこが入り交じると、どこから計算していいかわかりません・・・

計算には、次のような**順序の決まり**があります。例とともに見てみよう。

計算の順序の決まり

(1) かっこの中を計算する。
(2) 累乗の計算をする。
(3) かけ算、わり算を計算する。
(4) 残った足し算、引き算を計算する。

例

かっこの部分を先に計算　　　　　　かけ算・わり算を計算

$$\left(\frac{1}{2}-\frac{1}{5}\right)\times(-7)+2 = \frac{3}{10}\times(-7)+2$$

最後に足し算、引き算を計算

$$= \frac{-21}{10}+2 = \frac{-21+20}{10} = -\frac{1}{10}$$

例題 7

次の計算をしましょう。
(1) $(-2)^2 \div 4 - 3^2$　　(2) $5 - 8 \div (-4) + 3$

解説

まず、計算の順序を確認します

(1) (1) かっこの中の計算 ➡ ありません。
　　(2) 累乗の計算が2カ所 ➡ 先に計算
　　(3) わり算 ➡ 次に計算
　　(4) 残った足し算、引き算

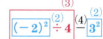

という計算の順が見えたでしょうか？

　　　　　　　　　　　まず累乗の計算
　　　　　　　　　　　$(-2)^2 = 4$　$3^2 = 3 \times 3 = 9$

$(-2)^2 \div 4 - 3^2 = 4 \div 4 - 9$

　　　　　　　わり算　　引き算
$= 4 \div 4 - 9 = 1 - 9$
$= -8$（解答）

(2) (1) かっこの中の計算 ➡ ありません
　　(2) 累乗の計算 ➡ ありません
　　(3) わり算 ➡ 先に計算
　　(4) 残った足し算、引き算

$5-\boxed{8\div(-4)}^{(3)}+3$ はわり算があるので、(3)から計算します。

$$5-\boxed{8\div(-4)}+3$$

　　　　　↙ わり算の答え
$$=5-(-2)+3$$

　　　　　↙ （　）の外の－を（－1）のかけ算に
$$=5+(-1)\times(-2)+3$$
$$=5+2+3=\mathbf{10}\ （解答）$$

その3 文字式

第1章 数と計算

文字式の書き方と基本用語

次は文字の入った**文字式**です。まずは文字式の書き方と基本用語を確認しよう。

難しそうですが、頑張ります！

●**係数・次数・項**
- 文字式の前の数字を**係数**
- 文字をかけ合わせた個数を文字の**次数**
- そして$3x^2$全体を**項** という。

文字式の書き方

❶係数と文字、文字と文字の間のかけ算記号は省略する。

例 $3 \times x \times y$ は、$3xy$

❷係数は文字の左側に書き、**1と－1は省略する**。

> 例　$3 \times x$ は、$3x$ と書き、$x3$ とは書かない。
> $1x$ は x、$-1x$ は $-x$

❸同じ文字のかけ算は、累乗を使って表す。

> 例　$x \times x \times x$ は、x^3

❹わり算は、分数を使って表す。

> 例　$x \div 2$ は、$\dfrac{x}{2}$ か $\dfrac{1}{2}x$

では、例題で確認しましょう。

例題 8

次の問いに答えましょう。
(1) $5y^3$ の、係数、y の次数を答えましょう。
(2) $x \times x \times x \times (-2) \times y \times y$ を、かけ算記号を使わずに表しましょう。
(3) $(x+3) \div 4$ を、わり算記号を使わずに表しましょう。

解説

(1) $5y^3 = 5 \times y \times y \times y$ より、**係数は 5、次数は 3**（解答）

(2) 係数は**左側**に、文字のかけ算は累乗を使って係数の**右側**にまとめます。

$$x \times x \times x \times (-2) \times y \times y$$

$$= (-2) \times \boldsymbol{x \times x \times x \times y \times y} \quad \text{←同じ文字どうしまとめた}$$

$$= (-2) \times x^3 \times y^2 \quad \text{←累乗で表した}$$

←「×」の記号を省略した

$$= -2x^3y^2 \text{（解答）}$$

(3) わり算は逆数のかけ算です。分数で表します。

$$(x+3) \div 4 = (x+3) \times \frac{1}{4} = \frac{x+3}{4} \text{（解答）}$$

逆数

文字の入った式の計算の決まり

それでは、文字の入った式の計算の決まりを身につけましょう。22ページで学んだ**計算の順序の決まり**が役立ちます。

先に計算する部分と後に計算する部分を見分けるんですね。

そう。その後に次の手順を行うんだ。

文字式で注意すべき手順

(1) かっこの中を先に計算し、かっこの中がこれ以上計算できなくなれば、かっこをはずす。

$$2(x+3)+4x+1 = 2 \times x + 2 \times 3 + 4x + 1$$
$$= 2x + 6 + 4x + 1$$

(2) 文字の部分が同じ項（同類項という）を集めて計算する。

$$2x + 4x + 6 + 1 = 6x + 6 + 1$$

(3) 文字がない数の項（定数項といいます）を集めて計算する。

$6x + (6 + 1) = 6x + 7$

(4) (2)と(3)の結果をまとめて、計算結果とする。

同類項って何ですか？

文字の部分が同じ項を同類項といって、まだ計算できるんだ。このときの手順は次の通りだよ。

①かっこをおき、係数の計算をその中に入れて実行する。
②かっこの後ろに文字をつける。

$2x + 3x = \underset{①}{(2+3)} \underset{②}{x} = 5x$

x だけだと係数がありませんが、どうすればいいですか？

x の前に隠れている係数「1」を復活させてあげるとわかりやすいよ。$x + 3x$ は $(1+3)x$、$-x + 3x$ は $(-1+3)x$ と計算しよう。では、例題を解いていこう。

例題 9

次の計算をしましょう
(1) $-(x+5)-3(x-1)$
(2) $(8y+4) \div (-2)$

解説

まず、**先に計算する部分をあぶり出しましょう**。かっこの前やかっこの中のマイナスの値や式を分配するときは、計算間違いを防ぐため、マイナスも含めた分配をします。○と→を使ってサポートをすると確実に分配することができます。

かっこの前の－を－1のかけ算へ／　　　　　　　－3を分配して足し算で加える

(1) $-(x+5)-3(x-1) = (-1) \times (x+5) (-3)(x-1)$

$= -x - 5 - 3x + 3$

　　　　　／同類項をまとめた

$= (-1-3)x - 5 + 3 = -4x - 2$ （解答）

　　↖－xの係数　　　　　　　　　　／－2の逆数

(2) $(8y+4) \div (-2) = (8y+4) \times \left(\dfrac{1}{-2}\right)$

　　　　　　　　　←( )の中を分配する

$= (8y) + (4) \times \left(\dfrac{-1}{2}\right) = 8y \times \left(\dfrac{-1}{2}\right) + 4 \times \left(\dfrac{-1}{2}\right)$

　　　　　　　　／約分をした

$= \overset{4}{8}y \times \left(\dfrac{-1}{\underset{1}{2}}\right) + \overset{2}{4} \times \left(\dfrac{-1}{\underset{1}{2}}\right) = -4y - 2$ （解答）

その4 素因数分解

自然数（1から始まる正の整数）を**素数のかけ算にして表すこと**を「**素因数分解**」といいます。

では、素数が何かをわかっていないと素因数分解はできないってことですね。

その通り。素数とは「**1以外には自分自身でしかわりきれない数**」のことだよ。

ということは、例えば10までの素数は1、2, 3, 5, 7の5つですか？

惜しい！　**1は素数じゃない**んだ。だから1を除いた4つが正解。間違えやすいから、注意しよう。

気をつけます！　ところで、素数はわかりましたが、素因数分解はどんな手順で行うんですか？

素因数分解の手順をまとめてみたよ。

●素因数分解の手順
(1) 素因数分解したい数①を書く。
(2) 素因数②を書く。
(3) ①を②でわった数③を書く。
(4) (2)と(3)の手順をくり返し、最後の④が素数になったら、終わり。
(5) L字形に並んだ素数を全てかけていく。

L字形に並んだ素数

つまり、素数でわりきれなくなるまでわり算を続け、わり算に使った素数（これを素因数といいます）と最後に残った素数でかけ算を作れば、素因数分解が完了するよ。実際に問題をやってみよう。

例題 10

次の数を素因数分解しましょう。
① 30　　② 45

解説

きっちりと手順に沿って素因数分解しましょう！

素因数としてまず 2 を選び、わりきれなかったら 3 で挑戦します。こうすると楽にできる場合が多いです。

①
```
 2 ) 30      30÷2
素数 3 ) 15    15÷3
       5
```
30 = 2 × 3 × 5（解答）

②
```
 3 ) 45      45÷3
素数 3 ) 15    15÷3
       5
```
45 = 3 × 3 × 5 = 3^2 × 5（解答）

その5 平方根とルート

● 平方根の意味は逆から考えれば簡単！

次は平方根とルートです。苦手な人が多いけれど、正体がわかれば大丈夫。難しくないですよ。

そもそも、平方根って何ですか？

たとえば、2と－2を2乗すると4になりますが、「2乗するとある数になる数」をある数の平方根といいます。ちなみに、平方は「2乗」、根は「元の数」という意味です。

この場合、4の平方根は2と－2ということですね。

正解！　簡単な問題で理解を深めよう。

例題 11

次の数の平方根を求めましょう。
(1) 1　　　(2) 4　　　(3) 9　　　(4) 16

解説

2乗して、その数になる数を見つけます。**答えにはプラスとマイナスの2つあることに注意しましょう。**

(1) $1^2 = 1$, $(-1)^2 = 1$ より　　**1と−1**（解答）
(2) $2^2 = 4$, $(-2)^2 = 4$ より　　**2と−2**（解答）
(3) $3^2 = 9$, $(-3)^2 = 9$ より　　**3と−3**（解答）
(4) $4^2 = 16$, $(-4)^2 = 16$ より　　**4と−4**（解答）

$\sqrt{}$（ルート）の正体とは？

では、5の正の平方根はわかるかな？

2乗して5になる数ですよね・・・う〜ん。

答えは2．2360679……です。「富士山麓オウム鳴く」という語呂合わせを聞いたことありませんか？

ありますけど、こんなややこしい数を答えに書くんですか！？

たしかに面倒で間違いが起こりそうですよね。そこで作り出されたのが、$\sqrt{}$（ルート）です。これを使うことで、どんな数の平方根も簡単に表すことができるようになりました。$\sqrt{}$ を使うときも、平方根には**プラスとマイナスがある**こともお忘れなく。

ある正の数 a の平方根のつくり方

a の平方根 $\rightleftarrows \pm\sqrt{a}$

(1) a に $\sqrt{}$ をかぶせる。
(2) $\sqrt{a}$ の外側にプラスとマイナスをつける。
(3) 3の平方根は $\sqrt{3}$ と $-\sqrt{3}$ （$\pm\sqrt{3}$）

例題 12

(1) 次の数の平方根を求めましょう。
 ① 4　　　② 6　　　③ 10
(2) 次の数を2乗しましょう。
 ① 3　　　② $\sqrt{2}$　　　③ $-\sqrt{2}$

解説

(1) ある数の2乗になっていることがわかれば、ルートは使いません。平方根には**プラス**と**マイナス**があることに注意しましょう。

① **±2**　　② **±$\sqrt{6}$**　　③ **±$\sqrt{10}$**（解答）

(2) $(\sqrt{a})^2 = a$　$(-\sqrt{a})^2 = a$ です。

① $3^2 =$ **9**（解答）　　　　② $(\sqrt{2})^2 =$ **2**（解答）
③ $(-\sqrt{2})^2 =$ **2**（解答）

平方根を含む計算

√ の入った計算はどうすればいいんですか？

√ の計算は、文字式と同じように計算できます。
√ 特有の計算としては、√ の中の2乗の数を係数にすることと「**分母の有理化**」を覚えよう。

√ の計算公式

a、b は正の数を表します。

❶ √ の中の2乗と √ 全体の2乗は、√ がはずれる。
$$\sqrt{a^2}=a,\ (\sqrt{a})^2=a$$
  例 $\sqrt{2^2}=2,\ (\sqrt{2})^2=2$

❷ √ どうしのかけ算は、√ の中のかけ算として、まとめられる。
$$\sqrt{a}\times\sqrt{b}=\sqrt{a\times b}=\sqrt{ab}$$
  例 $\sqrt{2}\times\sqrt{3}=\sqrt{2\times3}=\sqrt{6}$

❸ $\sqrt{}$ どうしのわり算（分数）は $\sqrt{}$ の中のわり算にまとめられる。

$$\frac{\sqrt{a}}{\sqrt{b}} = \sqrt{\frac{a}{b}}$$

例 $\dfrac{\sqrt{2}}{\sqrt{3}} = \sqrt{\dfrac{2}{3}}$

❹ （❶の応用）外側の正の係数を 2 乗にして、$\sqrt{}$ の中へ入れられる。

$$a\sqrt{b} = \sqrt{a^2}\sqrt{b} = \sqrt{a^2 \times b}$$

例 $2\sqrt{3} = \sqrt{2^2 \times 3} = \sqrt{12}$

❺ $\sqrt{}$ の中身どうしで約分できる。

$$\frac{\sqrt{ab}}{\sqrt{ac}} = \frac{\sqrt{a \times b}}{\sqrt{a \times c}} = \frac{\sqrt{b}}{\sqrt{c}}$$

例 $\dfrac{\sqrt{6}}{\sqrt{2}} = \dfrac{\sqrt{2 \times 3}}{\sqrt{2}} = \dfrac{\sqrt{3}}{\sqrt{1}} = \sqrt{3}$

❻ $\sqrt{}$ の中が同じならば、文字式で同類項をまとめるのと同じように計算できる。

$$c\sqrt{a} + d\sqrt{a} = (c+d)\sqrt{a}$$

例 $2\sqrt{2} + 3\sqrt{2} = (2+3)\sqrt{2} = 5\sqrt{2}$

分母の有理化

$\sqrt{}$ の計算で重要なのが「**分母の有理化**」です。$\dfrac{1}{\sqrt{2}}$ は分母に $\sqrt{}$ がありますが、「分母の有理化」によって分母に $\sqrt{}$ を含まないようにします。

有理化・・・難しそうですね。

具体的には $\dfrac{\sqrt{2}}{\sqrt{2}}$ をかけるだけだから、慣れてしまえば難しくないよ。

分母の有理化の手順

(1) 分母に $\sqrt{a}$ があったら、$\dfrac{\sqrt{a}}{\sqrt{a}}$ をかける。つまり、分母・分子に $\sqrt{a}$ をかける。

$$\dfrac{1}{\sqrt{a}} = \dfrac{1}{\sqrt{a}} \times \boxed{\dfrac{\sqrt{a}}{\sqrt{a}}}$$

　　$\dfrac{\sqrt{a}}{\sqrt{a}} = 1$ なので、かけても値は変化しない

例 $\sqrt{\dfrac{3}{2}} = \dfrac{\sqrt{3}}{\sqrt{2}}$ 　分母に $\sqrt{2}$ がある

　　　分母・分子に $\sqrt{2}$ をかける

$$= \dfrac{\sqrt{3}}{\sqrt{2}} \times \boxed{\dfrac{\sqrt{2}}{\sqrt{2}}}$$

(2) $(\sqrt{a})^2 = a$ より分母を整数にする。

$$\frac{1}{\sqrt{a}} \times \boxed{\frac{\sqrt{a}}{\sqrt{a}}} = \frac{\sqrt{a}}{(\sqrt{a})^2} = \frac{\sqrt{a}}{a}$$

例 $\quad \dfrac{\sqrt{3}}{\sqrt{2}} \times \dfrac{\sqrt{2}}{\sqrt{2}} = \dfrac{\sqrt{3} \times \sqrt{2}}{(\sqrt{2})^2} = \dfrac{\sqrt{3} \times \sqrt{2}}{2}$

(3) 分子を計算する。

　　　　　　　分子のかけ算をして
　　　　　　　$\sqrt{}$ を1つにまとめた

例 $\quad \dfrac{\sqrt{3} \times \sqrt{2}}{2} = \dfrac{\sqrt{2 \times 3}}{2} = \dfrac{\sqrt{6}}{2}$

これならできそうです！

例題で確認してみよう。

例題 13

分母の有理化をしましょう。

(1) $\dfrac{5}{\sqrt{2}}$ 　　(2) $\dfrac{\sqrt{3}}{\sqrt{5}}$

解説

分母にある $\sqrt{}$ と同じ数を分母・分子にかけて、分母を整数にします。$(\sqrt{a})^2 = a$ を利用します。

(1) $\dfrac{5}{\sqrt{2}} = \dfrac{5}{\sqrt{2}} \times \boxed{\dfrac{\sqrt{2}}{\sqrt{2}}}$　　分母・分子に $\sqrt{2}$ をかけた

　　$= \dfrac{5 \times \sqrt{2}}{(\sqrt{2})^2} = \dfrac{5\sqrt{2}}{2}$　（解答）　　分母を 2 にした

(2) $\dfrac{\sqrt{3}}{\sqrt{5}} = \dfrac{\sqrt{3}}{\sqrt{5}} \times \boxed{\dfrac{\sqrt{5}}{\sqrt{5}}}$　　分母・分子に $\sqrt{5}$ をかけた

　　$= \dfrac{\sqrt{3} \times \sqrt{5}}{(\sqrt{5})^2} = \dfrac{\sqrt{3} \times \sqrt{5}}{5}$　　分母を 5 にした

　　$= \dfrac{\sqrt{3 \times 5}}{5} = \dfrac{\sqrt{15}}{5}$　（解答）　　分子の $\sqrt{}$ を1つにした

できたかな？　次は、いよいよ最後の問題だよ。$\sqrt{}$ の計算法則をフルに使っていこう。

例題 14

次の計算をしましょう
(1) $4\sqrt{3} - 3\sqrt{7} - \sqrt{3} + 4\sqrt{7}$ (2) $\sqrt{45} + \sqrt{20}$
(3) $\sqrt{6} \times \sqrt{30}$ (4) $\sqrt{12} \div \sqrt{2}$ (5) $3\sqrt{5} \div \sqrt{3}$

解説

(1) 文字の式の同類項をまとめるのと同じように、同じ根号の数をまとめます。
$4\sqrt{3} - 3\sqrt{7} - \sqrt{3} + 4\sqrt{7} = (4-1)\sqrt{3} + (-3+4)\sqrt{7}$
$= \mathbf{3\sqrt{3} + \sqrt{7}}$（解答）

(2) $\sqrt{}$ の中の正の数の2乗は、$\sqrt{}$ の外に出します。まず、4・9・16の倍数かをチェックしましょう。
$\sqrt{45} = \sqrt{9 \times 5} = \sqrt{3^2 \times 5} = 3\sqrt{5}$
$\sqrt{20} = \sqrt{4 \times 5} = \sqrt{2^2 \times 5} = 2\sqrt{5}$
$\sqrt{45} + \sqrt{20} = 3\sqrt{5} + 2\sqrt{5} = (3+2)\sqrt{5} = \mathbf{5\sqrt{5}}$（解答）

(3) $\sqrt{}$ どうしのかけ算は、2乗となって外に出せる数字ができることがあります。大きな数は素因数分解を利用しましょう。

✓ 素因数分解した

$\sqrt{6} \times \sqrt{30} = \sqrt{6 \times 30} = \sqrt{2 \times 3 \times 2 \times 3 \times 5}$
$= \sqrt{2^2 \times 3^2 \times 5}$

43

√ 2乗の2と3をそれぞれ√ の外に出した

$= 2 \times 3 \times \sqrt{5} = 6\sqrt{5}$ （解答）

> $\sqrt{6} \times \sqrt{6 \times 5}$
> $= 6\sqrt{5}$ として
> もいいですね。

(4) 根号どうしのわり算は①**逆数のかけ算**に直す➡②**√ の中を約分**➡③**分母を有理化**の順に計算します！

√ √2の逆数のかけ算に

$$\sqrt{12} \div \sqrt{2} = \sqrt{12} \times \frac{1}{\sqrt{2}} = \frac{\sqrt{12}}{\sqrt{2}}$$

√ 12÷2

$$= \sqrt{\frac{\overset{6}{12}}{\underset{1}{2}}} = \sqrt{6}$$ （解答）

√ √3の逆数のかけ算に

(5) $3\sqrt{5} \div \sqrt{3} = 3\sqrt{5} \times \frac{1}{\sqrt{3}} = \frac{3\sqrt{5}}{\sqrt{3}}$

√ √3を分母・分子にかけて分母の有理化

$$= \frac{3\sqrt{5}}{\sqrt{3}} \times \boxed{\frac{\sqrt{3}}{\sqrt{3}}}$$

√ 3で約分した

$$= \frac{3\sqrt{5} \times \sqrt{3}}{(\sqrt{3})^2} = \frac{\overset{1}{\cancel{3}}\sqrt{15}}{1\ \cancel{3}} = \sqrt{15}$$ （解答）

 これで負の数と平方根は大丈夫だね。

第 2 章

多項式
1次方程式
連立方程式

- その1 多項式
- その2 1次方程式
- その3 連立方程式

その1 多項式

1章では文字をひとつだけ使ったけれど、2章ではもっと複雑な計算方法を学びます。まずは用語をおさえて問題に挑戦していこう。

実際に式を見ながらの用語の確認

① **単項式**…項が1つ（＝単）の式
  例 $3xy$

② **多項式**…項が2つ以上（＝多）の式
  例 $x+4x+2$ $2x^2+3x+5$

③ **次数**…1つの項の中の、かけてある**文字の個数**のこと。
  ★多項式の次数は、全部の項の中で1番高い次数をいいます。

  $3xy$（次数2） $x+4x+2$（次数1） $2x^2+3x+5$（次数2）
  2次式   1次式   2次式

④ **定数項**…文字を含まない、**数だけの項**のこと
  $3xy$ $x+4x+\underline{2}$ $2x^2+3x+\underline{5}$
  定数項なし   └定数項   └定数項

❺ **同類項**…**文字と次数が同じ項**のこと。同類項は
（ ）を使って **1** つにまとめる。

例 $x+4x+2$　x と $4x$ が同類項

$x+4x+2=(1+4)x+2=5x+2$ と計算できる。

（ ）を使って 1 つにまとめる

多項式の次数は同類項を計算して、高い次数の項の順に並べておけば、もっと分かりやすいよ。

なるほど。なぜ $3xy$ は 2 次式なのですか？

x と y の両方を文字とすれば、合計 2 回の文字のかけ算だから 2 次式になるんだ。

そうすると、x だけを文字とみれば 1 次式ということですか？　このときの係数は何ですか？

そう、文字以外の $3y$ を係数とする 1 次式となるよ。どれを文字とみるかは問題文をチェックしようね。

多項式の計算

2文字以上の多項式の四則演算に挑戦しましょう。

まずは、決まりごとを教えてください！

足し算・引き算

すでに説明したように、同類項はかっこを使って 1 つにまとめて計算します。

例 $5x^2 - 3x^2 + 2y^2 + 3y^2 = (5-3)x^2 + (2+3)y^2$
$= 2x^2 + 5y^2$

かけ算・わり算

「符号と係数」「文字の計算」を分けて計算すると楽です！

● かけ算

❶ 同じ文字のかけ算は、累乗を用いて表す。

$x^2 \times x^3 = \underbrace{x \times x}_{2個} \times \underbrace{x \times x \times x}_{3個} = x^5$ ← x が 5 個のかけ算

❷ **符号と係数を左側、文字を右側**にまとめ、係数と文字に分けてかけ算をし、かけ算の「×」記号を省略する。

例 $(-2x)^2 \times 3y = (-2x) \times (-2x) \times 3 \times y$

　　　　　　↙ 符号と係数を左、文字を右へ

$= (-2) \times (-2) \times 3 \times x \times x \times y$

　　　　　↙ 係数、文字をそれぞれ計算して「×」記号を省略

$= 12 x^2 y$

● わり算

❶ わり算を**逆数のかけ算**に直す。 ↙ わり算を逆数のかけ算へ

例 $6x^2 y \div (-3x) = 6x^2 y \times \left(\dfrac{1}{-3x} \right)$

❷ **約分する**

数と文字の約分は別々に考える。 ↙ 累乗をかけ算の記号を使って表す

例 $6x^2 y \times \left(\dfrac{1}{-3x} \right) = \dfrac{6 \times x \times x \times y}{(-3) \times x}$

↙ 数と文字で別々に約分する

$= \dfrac{\overset{2}{\cancel{6}} \times \overset{1}{\cancel{x}} \times x \times y}{\underset{-1}{\cancel{(-3)}} \times \underset{1}{\cancel{x}}}$

❸ 約分が終わったらかけ算の「×」の記号を省略する。

例　$\dfrac{2 \times x \times y}{(-1)} = -2xy$　「×」を省略して
　　　　　　　　　　　　　　　分母の「−」を移動する

●わり算の答の符号のつけ方
・マイナスが偶数個ある ➡ 全体の符号はプラス
・マイナスが奇数個ある ➡ 全体の符号はマイナス
（マイナスの符号は分子か分数の左につける）

では、例題にチャレンジしていこう。

例題 1

次の計算をしましょう。
(1) $(5x^2 - 3x) - (x^2 - 4x)$　　(2) $(-x)^2 \times (-4x)$
(3) $(-3xy^2) \div \dfrac{6}{5}xy$

解説

特に累乗、マイナスに注意しながら計算しましょう。

(1) $(5x^2 - 3x) - (x^2 - 4x)$ ← -1の分配

$= 5x^2 - 3x - x^2 + 4x$

← ( ) を使って同類項をまとめた

$= (5-1)x^2 + (-3+4)x$

$= \boldsymbol{4x^2 + x}$ （解答）

← 累乗をかけ算記号を使って表す

(2) $(-x)^2 \times (-4x) = (-x) \times (-x) \times (-4x)$

← 係数部分を左側、文字を右側にまとめる

$= (-1) \times (-1) \times (-4) \times x \times x \times x$

$= \boldsymbol{-4x^3}$ （解答） ←マイナスが3個なので答の符号はマイナス

(3) $(-3xy^2) \div \dfrac{6}{5}xy = (-3) \times x \times y \times y \div \left(\dfrac{6 \times x \times y}{5} \right)$

逆数のかけ算にする↘

$= (-3) \times x \times y \times y \times \dfrac{5}{6 \times x \times y}$

分数の形にして約分する

$= \dfrac{\overset{-1}{\cancel{(-3)}} \times 5 \times \overset{1}{\cancel{x}} \times \overset{1}{\cancel{y}} \times y}{\underset{2}{\cancel{6}} \times \underset{1}{\cancel{x}} \times \underset{1}{\cancel{y}}}$

$= \dfrac{(-1) \times 5 \times y}{2} = \boldsymbol{-\dfrac{5}{2}y}$ （解答）

第2章　多項式　1次方程式　連立方程式

その2 1次方程式

次は1次方程式です。$2x=4$ のとき、x に何を代入すれば式が成り立つかな？

2です！

そうですね。このように、x にある数を代入したときにだけ成り立つ等式を「**方程式**」といい、ある数を「**解**」といいます。

解はどうやって求めるのですか？

今回は順を追って説明するよ。まずは等式の性質を確認します。

等式の性質を確認

$A = B$ の両辺に

❶ 同じ数や文字を足すことができる。

$A = B \Leftrightarrow A + C = B + C$

例 $x - 1 = 2 \Rightarrow x - 1 + 1 = 2 + 1$　よって、$x = 3$

❷ 同じ数や文字を引くことができる。

$A = B \Leftrightarrow A - C = B - C$

例 $x + 1 = 2 \Rightarrow x + 1 - 1 = 2 - 1$　よって、$x = 1$

❸ 同じ数や文字をかけることができる。

$A = B \Leftrightarrow A \times C = B \times C$

例 $\dfrac{x}{2} = 1 \Rightarrow \dfrac{x}{2} \times 2 = 1 \times 2$　よって、$x = 2$

❹ 同じ数や式でわることができる。

$A = B \Leftrightarrow A \div C = B \div C$

例 $2x = 4 \Rightarrow 2x \div 2 = 4 \div 2$　よって、$x = 2$

言われてみれば、当たり前のことですね！

この性質はとても重要なので、きちんと覚えましょうね。

方程式を解く3つのテクニック

方程式ってどうやって解くのですか？

解き方の前に、次の3つのテクニックを身につけておきましょう。等式の性質から生まれた、計算を楽にしてくれるテクニックです。

❶ 移項…左辺の項を右辺の項へ、または右辺の項を左辺の項へ移動する。➡文字の項を左辺に、数の項を右辺に集める。

$2x + 3 = 2$（符号を逆にして、逆の辺に移動する。）
$2x = 2 - 3$
（★同じ数を両辺から引く $2x + 3 - 3 = 2 - 3$ を用いた。）

❷ 分母をはらう…分母の数を両辺にかけて分数をなくす。➡ $ax=b$ の形にする。

$\dfrac{3}{2}x=5$　左辺の分母の 2 を取り、右辺にかける。

$3x=5×2$

(★両辺に同じ数をかける $\dfrac{3}{2}x×2=5×2$ を用いた。)

❸ x の係数を 1 にする…両辺を x の係数でわる。

例　$2x=4$　$\dfrac{\overset{1}{\cancel{2}}x=\cancel{4}}{2}$　よって、$x=2$

・右辺が x の係数でわりきれないときには、係数を右辺の分母に移動させて分数の形にする(逆数のかけ算)。

左辺の係数の 3 を右辺の分母に移動する。

$3x=10$　　$x=10×\dfrac{1}{3}=\dfrac{10}{3}$

(★両辺を同じ数でわる $3x÷3=10÷3$ を用いた。)

例題 2

(1) 次の式の①左辺の+5を右辺に、②右辺の$2x$を左辺にそれぞれ移項しましょう。その先の計算はしなくてかまいません。

$$3x+5=2x+3$$

(2) xの係数を1に直しましょう。

$$-x=5+y$$

解説

(1) 移項とは符号を逆にして、逆の辺に移動することでした。慣れてきたら、両辺の移項を同時にできるようにしていきましょう。

① $3x\boxed{+5}=2x+3$
　　$3x=2x+3\boxed{-5}$　　　**$3x=2x+3-5$**（解答）

② $3x+5=\boxed{2x}+3$
　　$3x+5\boxed{-2x}=+3$　　　**$3x+5-2x=3$**（解答）

(2) 等式の性質を使って両辺に-1をかけても解消できますが、左辺と右辺で、全ての項の符号を逆にするというテクニックを覚えておくともっと楽にできます。かっこがある場合などは、かっこの外にある符号を逆にします。

$-x = 5 + y$ の全ての項の符号を逆にすることで

$$x = -5 - y \quad \text{(解答)}$$

さっき教わった「等式の性質」の通りなんですね！

1次方程式の解き方

ここでは、1次方程式の解き方を紹介します。解き方を確認して、例題を解いていこう。

1 次方程式の解き方

(1) 事前準備：かっこ、分数、小数を解消する。

かっこ ➡ 分配してかっこをひらく。

$2(x+1) = 3 \Rightarrow 2x + 2 = 3$

小数 ➡ 10や100を両辺にかける。

$0.1x = 3 \Rightarrow 0.1x \times 10 = 3 \times 10$

$$x = 30$$

分数 ➡ 分母と同じ数を両辺にかける。

$$\frac{x+1}{2} = \frac{7}{2} \Rightarrow \frac{x+1}{\underset{1}{\cancel{2}}} \times \underset{1}{\cancel{2}} = \frac{7}{\underset{1}{\cancel{2}}} \times \underset{1}{\cancel{2}}$$

$$x + 1 = 7$$

(2) **移項**して左辺に文字の項、右辺に数の項を集める。

$$3x + \boxed{1} = \boxed{x} + 6$$
$$\Rightarrow 3x - \boxed{x} = 6 - \boxed{1}$$

(3) 左辺は**同類項**をまとめ、右辺は数の項を計算する。

$$3x - x = 6 - 1 \Rightarrow (3-1)x = 5 \Rightarrow 2x = 5$$

(4) x の係数を **1** にして、右辺にはその逆数をかけて x を求める。

例1 $\quad 2x = 5 \Rightarrow x = \dfrac{5}{2}$

分母へ

逆数をかける

例2 $\quad \dfrac{2}{3}x = 3 \Rightarrow x = 3 \times \dfrac{3}{2} = \dfrac{9}{2}$

例3 $\quad 2x = 6 \Rightarrow \underset{1}{2}x = \underset{3}{6} \Rightarrow x = 3$ （両辺が係数でわりきれれば簡単）

例題 3

次の 1 次方程式を解きましょう

(1) $3x + 24 = 10x - 4$　　(2) $0.3x + 0.8 = -1.3$

(3) $\dfrac{2x-7}{9} = \dfrac{x+2}{6}$

解説

x の係数がマイナスになると予想されるときには
符号は同じまま左辺と右辺の項全てを入れ替える。

(1) $3x + 24 = 10x - 4$ ← このまま移項すると、x の係数がマイナスになりそうです

$3x + 24 = 10x - 4$

← 左右総入れ替えをした

$10x - 4 = 3x + 24$

$10x \boxed{-4} = \boxed{3x} + 24$

← $3x$ を左辺へ -4 を右辺へ移項した

$10x \boxed{-3x} = 24 \boxed{+4}$

$10x - 3x = 28$

← ( ) を使って同類項をまとめる

$(10 - 3)x = 28$

$7x = 28$

$x = 4$（解答）

(2) 　　　両辺×10で係数を整数に

$0.3x × 10 + 0.8 × 10 = -1.3 × 10$

$3x \boxed{+8} = -13$

　　　+8を右辺に移項した

$3x = -13 \boxed{-8}$

$_1\,\cancel{3}x = -\cancel{21}\,_7$

$x = -7$　（解答）

(3) 分数があるので、分数を解消してから計算しましょう。

　　　分数を含まない式にするために9と6の最小公倍数18を両辺にかけた

$$\frac{2x-7}{9} × 18 = \frac{x+2}{6} × 18$$

　　　約分した

$$\frac{2x-7}{_1\,\cancel{9}} × \overset{2}{\cancel{18}} = \frac{x+2}{_1\,\cancel{6}} × \overset{3}{\cancel{18}}$$

　　　かっこをはずす

$(2x-7) × ②= (x+2) × ③$

$4x \boxed{-14} = \boxed{3x} + 6$

　　　3xを左辺へ、-14を右辺へ移項する

$4x \boxed{-3x} = 6 \boxed{+14}$

　　　同類項をまとめる

$(4-3)x = 20$

よって、$x = 20$　（解答）

できました！　ここでも「等式の性質」が大活躍ですね！　しっかり理解できたと思います！

その3 連立方程式

第2章の最後は連立方程式だ。2つの方程式が出てくるよ。

方程式が2つ・・・難しそう・・・

そんなに怖がらないで。「加減法」と「代入法」の2つの解き方で解説するよ。

解き方が2つもあるんですね！

「加減法」による連立方程式の解法

「加減法」のポイントは、式の係数をそろえることです。例を見てみましょう。

例として
$\begin{cases} x + y = 7 & \cdots ① \\ 2x - 3y = -1 & \cdots ② \end{cases}$ を加減法で解きます。

(1) 左辺が文字の項、右辺が数の項になるよう移項する。

この例では左辺が文字、右辺が数になっているので移項しないで大丈夫です。

(2) x か y のどちらかで、係数の絶対値を2つの式でそろえる（両辺を何倍かすることでそろえられる）。

◎計算間違いを防ぐため、2つの式をたてに並べ、さらに、x と y とイコールの位置をそれぞれそろえて書く。

$$\begin{cases} x + y = 7 & \cdots ① \\ 2x - 3y = -1 & \cdots ② \end{cases}$$

y の係数の絶対値を、①の両辺を×3して、②の係数の絶対値 **3** にそろえる。

x **×3** $+ y$ **×3** $= 7$ **×3** より、

$$\begin{cases} 3x + 3y = 21 & \cdots ①' \\ 2x - 3y = -1 & \cdots ② \end{cases}$$

(3) そろえた係数の符号が違うので両辺をたてに足し算をして、y を消去する。

$$\begin{array}{r} 3x + 3y = 21 \\ +)\ 2x - 3y = -1 \\ \hline (3+2)x = 21 + (-1) \end{array}$$

✓係数の絶対値がそろっている y の係数部分が「**0**」となり、文字 y が減り、x の項と定数項が残ります！

(4) y の項がなくなったので x についての 1 次方程式として解く。

$(3+2)x = 21-1$
$5x = 20$
$x = 4$

(5) ①②のどちらかの式に x の値を代入して、y の値を求める。

$x=4$ を① $\boxed{x}+y=7$ の式に代入する。
$\boxed{4}+y=7$
$y=7-4$ ←4を移項した

よって、$y=3$　以上より、**$x=4$, $y=3$**（解答）

係数をそろえて x と y のどちらかの文字を消してしまえば、あとは 1 次方程式と変わらないんですね！

その通り。例題を解いてごらん。

例題 4

次の連立方程式を加減法で解きましょう。
$$\begin{cases} 2x + 3y = 7 & \cdots ① \\ 4x - 3y = 5 & \cdots ② \end{cases}$$

解説

係数の絶対値が同じものを見つけたら**たてに足し算をするか、引き算をするか**を考えましょう。引き算の場合にはとくにていねいに計算して計算間違いを防ぐようにします。

①と②で、$3y$ と $-3y$ は係数の絶対値が同じです。**符号が逆なので、①②をたてに足し算し、y を消去します。**

$$\begin{array}{r} 2x + 3y = 7 \\ +)\ 4x - 3y = 5 \\ \hline (2+4)x = 7 + 5 \end{array}$$

$$\overset{1}{6}x = \overset{2}{12}$$

よって、 $x = 2$

この $x = \boxed{2}$ を①の式 $2\boxed{x} + 3y = 7$ に代入して

$2 \times \boxed{2} + 3y = 7$

$4 + 3y = 7$

$3y = 7 - 4$ ← 4 を移項した

$$\frac{1}{\cancel{3}}y = \frac{1}{\cancel{3}}$$

$$y = 1$$

以上より、$x = 2$, $y = 1$ （解答）

「代入法」による連立方程式の解法

次は「代入法」。x と y どちらかの係数が 1 か −1 だったら積極的に使いたい方法です。これも例を見てみよう。

$\begin{cases} x + 2y = 3 & \cdots ① \\ 2x + 7y = 3 & \cdots ② \end{cases}$ を代入法で解きます。

(1) x か y の係数で 1 か −1 を見つけて、$x =$ 〜、または $y =$ 〜、になるように式を移項する。

①は $x + 2y = 3$ より、x の係数が 1 です。$2y$ を移項して $x = 3 - 2y$ とします。

(2) もう 1 つの式の文字に (1) で求めた式を代入し、x または y を消去する。

代入する際にはかっこをつけて代入します。

$x = \boxed{3-2y}$ を、②式 $2\boxed{x}+7y=3$ の $\boxed{x}$ に代入します。

$$2\boxed{(3-2y)}+7y=3 \quad \text{←}x\text{を消去した}$$

(3) 1次方程式を解く。

$$\boxed{6}-4y+7y=3 \quad \text{移項}$$
$$-4y+7y=3\boxed{-6}$$
$$\boxed{(-4+7)}y=-3 \quad \text{←同類項をまとめた}$$
$$3y=-3$$
$$y=-1$$

(4) (3)の値を(1)で求めた式に代入して、解を出す。

$y=\boxed{-1}$ を $x=3-2\boxed{y}$ へ代入します。

$x=3-2\times\boxed{(-1)}=3+2=5$

以上より、**$x=5,\ y=-1$**（解答）

「等式の性質」と「加減法」「代入法」を使えば、連立方程式にかっこや分数や小数があっても、必ず解けます。ぜひ試してみてくださいね。

わかりました！

第3章

展開と因数分解

- その1 展　開
- その2 因数分解

その1 展開

分配法による展開

1章と2章で数式のかっこをひらく技術を身につけましたが、今度は多項式どうしの計算をします。

多項式どうし・・・難しそうです。

これまでの内容ができれば大丈夫ですよ。ポイントは分配と公式への代入です。

まずは、$(a+b)(c+d)$ を展開しましょう。

分配法（かっこをひらく方法）

(1) 左側の 1 つの項から、右側のそれぞれの項に矢印でつないで分配しかけ算をする。

$$((a)+b)(c+d) \Rightarrow a \times c + a \times d$$

(2) 他の左側の項でも同じことをする

✓符号を含めて分配する

$$(a+(b))(c+d) \Rightarrow b \times c + b \times d$$

(3) (1)と(2)を足す。

$$(a+b)(c+d) = ac + ad + bc + bd$$

簡単にできますよね！ 3つの注意点をあげておきます。

① かっこ内の各項は符号も含めて分配する。
② かけた結果を全て＋で足す（マイナスの「分配」と同じ ⇒ p.29）。
③ 同類項があればまとめて計算する。

では、問題を解いてみましょう。

例題 1

展開をしましょう。
(1) $(2a+b)(a+b)$　　(2) $(a-2b)(3a-b)$

解説

(1)
$(2a+b)(a+b)$ 【分配】 ➡ $2a \times a + 2a \times b$

$(2a+b)(a+b)$ 【符号ごと分配】 ➡ $b \times a + b \times b$

上の 2 つの式を足して
$(2a+b)(a+b) = 2a^2+2ab+ab+b^2$

ここで終わりにしていいのでしょうか？　そうですよね、同類項の計算がありますよね。

$2a^2 + 2ab + ab + b^2$
$= 2a^2 + 3ab + b^2$（解答）

(2) $\begin{pmatrix} (a-2b)(3a-b) \Rightarrow a \times 3a + a \times (-b) \\ (a-2b)(3a-b) \Rightarrow (-2b) \times 3a + (-2b) \times (-b) \end{pmatrix}$

分配　　　　　符号ごと分配

上の 2 つの式を足して
$(a-2b)(3a-b)$
$= a \times 3a + a \times (-b) + (-2b) \times 3a + (-2b) \times (-b)$
$= 3a^2 - ab - 6ab + 2b^2 = 3a^2 + (-1-6)ab + 2b^2$
$= 3a^2 - 7ab + 2b^2$（解答）

★符号を含めて分配する、同類項をまとめて計算するなど、今までやってきたことが役立っていますね！

できました！

下に覚えておくと便利な公式を挙げておきます。普通に分配しても展開できますが、覚えておくとサッと展開できるようになりますよ。

4つの展開公式（乗法公式）

❶ 基本の乗法公式

$$(x+a)(x+b) = x^2 + (a+b)x + ab$$

例　$(x+2)(x+3) = x^2 + \underline{(2+3)}x + \underline{2\times 3}$
　　　　　　　　　　　　　　和　　　　積

同じ項

　　　　　　　$= x^2 + 5x + 6$

❷ 和の2乗の公式

$$(x+a)^2 = x^2 + 2ax + a^2$$

例　$(x+3)^2 = x^2 + 2\times 3\times x + 3^2 = x^2 + 6x + 9$

❸ 差の2乗の公式

$$(x-a)^2 = x^2 - 2ax + a^2$$

例　$(x-3)^2 = x^2 - 2\times 3\times x + 3^2 = x^2 - 6x + 9$

❹ 和と差の積の公式

$$(x+a)(x-a) = x^2 - a^2$$

例　$(x+2)(x-2) = x^2 - 2^2 = x^2 - 4$

★❶の公式は、覚えずに分配法で展開をしてもそれほど手間は変わりません。❷〜❹は覚えておくと計算が楽になります。

その2 因数分解

● まずは、共通因数をくくり出そう！

さっきは多項式の展開を学びましたが、その逆が**因数分解**です。

と言うと？

下を見てください。

$$\underset{\text{足し算の形}}{x^2 + 5x + 6} \xrightleftharpoons[\text{展開}]{\text{因数分解}} \underset{\text{かけ算の形}}{(x+2)(x+3)}$$

足し算の形から**かけ算の形**を作るんですね！

そう。因数分解では、まず**共通因数のくくり出し**をします。**因数とは約数のこと**で、文字だけでなく数字や文字式の場合もあります。

共通因数のくくり出し方

(1) 共通因数があるかをチェック(数字でもOK)。

例 $2ax - 2bx : 2ax = \boxed{2} \times a \times \boxed{x}, \ -2bx = -\boxed{2} \times b \times \boxed{x}$

より共通因数は$2x$

(2) 共通因数を左側におき、右側にかっこをおく。

✓かっこの中身は(3)で考えます

$2ax - 2bx = 2x(\qquad)$

(3) それぞれの項を共通因数でわった式や文字、数をかっこの中に入れて足す。

✓かけ算の形にして共通因数を消せばわった結果がわかるので、かっこに入れます

$2ax = 2 \times \boxed{a} \times \boldsymbol{x}, \ -2bx = \boxed{-} 2 \times \boxed{b} \times \boldsymbol{x}$

$2ax - 2bx = \boldsymbol{2x}(\boxed{a}\boxed{-b})$

やり方がわかったら、問題で確認してみよう。

例題 2

共通因数があれば、くくり出して因数分解しましょう。

(1) $4ax - 2bx$　　(2) $x^3 + 2x^2$

(3) $3a^2 + 2a + 1$　　(4) $2a^2b + 4ab^2 - 10ab$

解説

(1) $4ax = \boxed{2} \times 2 \times \boxed{a} \times x$

$-2bx = \boxed{-}\, 2 \times \boxed{b} \times x$ より、$2x$ が共通因数。

↙ $2x$ でくくり出して因数分解

$4ax - 2bx = 2x\,(\boxed{2a}\boxed{-b}) = \mathbf{2x(2a - b)}$ （解答）

(2) $x^3 = \boxed{x} \times x \times x$

$2x^2 = \boxed{2} \times x \times x$ より、$x \times x = x^2$ が共通因数。

↙ x^2 でくくり出して因数分解

$x^3 + 2x^2 = x^2\,(\boxed{x}\boxed{+2}) = \mathbf{x^2(x + 2)}$ （解答）

(3) $3a^2 = 3 \times a \times a$, $2a = 2 \times a$ で、はじめの 2 項で因数 a が共通していますが、定数の $+1$ の項に因数 a がありません。よって、共通因数はありません。

　　　共通因数なし（因数分解できない）（解答）

(4) 3項になってもやることは同じです。

$2a^2b = \boxed{2} \times \boxed{a} \times a \times b$
$4ab^2 = \boxed{2} \times 2 \times \boxed{a} \times b \times b$
$-10ab = \boxed{-} 2 \times \boxed{5} \times \boxed{a} \times \boxed{b}$ より、$2ab$ が共通因数。

　　　　　　　　　　　　　　　　↙ $2ab$ が共通因数、□はかっこの中へ。

$2a^2b + 4ab^2 - 10ab = 2ab(\boxed{a} + \boxed{2b} - \boxed{5})$
$= 2ab(a + 2b - 5)$ （解答）

🟡 因数分解の公式は展開の逆

共通因数のくくり出しに慣れたら、今度は**因数分解の公式**になっているかチェックしましょう。71ページの**展開の公式と逆**になっていることを意識してください。

因数分解と展開は、公式も逆の関係なんですね！新しく公式を覚えなくてもよさそうです！

省エネに敏感だね！　では見ていこう。

2 次式の因数分解の公式

❶ 基本の乗法公式

$$x^2+(a+b)x+ab=(x+a)(x+b)$$

和が $a+b$、積が ab の 2 つの整数 a と b をさがす。

例 $x^2+3x+2=x^2+(2+1)x+2\times1$
$=(x+2)(x+1)$

　和が 3、積が 2 の
　2 つの整数は 2 と 1

❷ 2 乗の公式

$$x^2+2ax+a^2=(x+a)^2 \quad (和の 2 乗の公式)$$

例 $x^2+\underset{2a}{2x}+\underset{a^2}{1}=x^2+2\times1\times x+1^2=(x+1)^2$

$$x^2-2ax+a^2=(x-a)^2 \quad (差の 2 乗の公式)$$

例 $x^2-\underset{2a}{4x}+\underset{a^2}{4}=x^2-2\times2\times x+2^2=(x-2)^2$

❸ 和と差の積の公式

$$x^2-a^2=(x+a)(x-a)$$

例 $\underset{x^2}{x^2}-\underset{a^2}{1}=x^2-1^2=(x+1)(x-1)$

基本の乗法公式による因数分解

公式① $x^2 + (a+b)x + ab = (x+a)(x+b)$
で注目するのは、$(a+b)$ という **a と b の「和」**と、ab という **a と b の「積」**です。この数を確定させるのがポイントです。

何の手がかりもなしに見つかるのですか？

確実に見つかる方法を伝授するよ！

●**確実に和と積から 2 つの整数を求める方法**

(1)　$x^2 + (a+b)x + ab$ の定数項である $+ab$ から、積が ab となる2つの数の組み合わせをいくつか見つけ出す。

　　積が正の数になる組み合わせには、正の数どうしのほかに、負の数どうしもあることをお忘れなく。

　例　$x^2 + 3x + 2$ において、かけて $+2$ となる2つの整数は ➡ 1 と 2　そして -1 と -2

77

(2) (1)で見つけた組み合わせの 2 つの数字の和をつくる。

　　　1 と 2 ➡ 1＋2＝3

　　　－1 と －2 ➡ －1＋（－2）＝－3

(3) その和が 1 次の係数と同じ組み合わせを見つける。

　　　x^2+3x+2 より、和が 3 になる 2 つの数は

　　　1 と 2 とわかる。

(4) 公式 $x^2+(a+b)x+ab=(x+a)(x+b)$ の a と b に代入して因数分解する。

　　　$x^2+3x+2=(x\boxed{+1})(x\boxed{+2})$

定数項が小さければこの方法でいいと思いますが、定数項が大きいと苦労しそうです・・・

そういうときは、表を使います。$x^2-4x-12$ を例に考えましょう。

(表を使った2つの数の求め方)

　12 の約数に注目し、積が －12 となる 2 つの整数を書き出し、その和を右に書きます。

和が 1 次の係数の－4 となるものを探します。**2** と **−6** とわかりますね！

最後に公式に代入です！

公式 $x^2+(a+b)x+ab=(x+a)(x+b)$ の a, b に代入して

$x^2-4x-12=(x\boxed{+2})(x\boxed{-6})$

積が−12	和
1 と−12	−11
−1 と 12	11
2 と−6	−4
−2 と 6	4
3 と−4	−1
−3 と 4	1

表を使うとわかりやすいです！

できたら、腕試しに問題を解いてみよう！

例題 3

次の式を積と和の 2 数を考えて、因数分解しましょう。

(1) $x^2+7x+12$　　(2) $a^2+5a-36$

> 解説

共通因数は見当たらないので、公式を考えます。2つの数が見つからない場合は、表をつくって確実に求めましょう。

(1) $x^2 + 7x + 12$

表を書いて積が 12、和が 7 の 2 つの数を見つけると、3 と 4 だから、

積が 12	和	積が 12	和
1 と 12	13	−2 と −6	−8
−1 と −12	−13	3 と 4	7
2 と 6	8	−3 と −4	−7

$$x^2 + 7x + 12 = (x+3)(x+4) \quad \text{(解答)}$$

(2) $a^2 + 5a - 36$

積が −36、和が 5 の 2 つの数を見つけます。表を書いて見つけると −4 と 9 だから

積が −36	和	積が −36	和
−1 と 36	35	1 と −36	−35
−2 と 18	16	2 と −18	−16
−3 と 12	9	3 と −12	−9
−4 と 9	5	4 と −9	−5
−6 と 6	0		

$$a^2 + 5a - 36 = (a-4)(a+9) \quad \text{(解答)}$$

公式②と③による因数分解

 $x^2+2ax+a^2$、$x^2-2ax+a^2$、x^2-a^2 といったかたちも公式を使うと簡単です。

●**公式②** 2乗の公式を攻略！
$$x^2+2ax+a^2=(x+a)^2 \qquad x^2-2ax+a^2=(x-a)^2$$

<目のつけ方>

(1) 2乗になっている文字や数を2つ見つける。

★ 2乗になる数の $4=2^2$、$9=3^2$、$16=4^2$、$36=6^2$ などは覚えておきましょう。

(2) 見つけた2つの文字や数（2乗する前の数）をかけて、さらに2倍か、－2倍した数が、x の係数になっていれば**公式②**が使える。

　　＋2倍は $x^2+2ax+a^2=(x+a)^2$
　　－2倍は $x^2-2ax+a^2=(x-a)^2$

へ代入する。

例1 x^2+6x+9 ➡ 公式 $x^2+2ax+a^2$ になっている！

　　x の2乗　　$3×x$ の2倍 $=6x$　　3 の2乗

公式❷ $x^2+2ax+a^2=(x+a)^2$ に $x=x$, $a=3$ を代入する。　$x^2+6x+9=(x+3)^2$

例2　x^2-6x+9 ➡ 公式 $x^2-2ax+a^2$ になっている！

- x の2乗
- $3\times x$ の -2 倍 $=-6x$
- 3 の2乗

公式❷ $x^2-2ax+a^2=(x-a)^2$ に $x=x$, $a=3$ を代入する。　$x^2-6x+9=(x-3)^2$

例題 4

次の式を公式❷ $x^2+2ax+a^2=(x+a)^2$ か $x^2-2ax+a^2=(x-a)^2$ が使えるかをチェックした上で因数分解しましょう。

(1) $x^2+8x+16$　　(2) x^2-5x+4

(3) $y^2-16y+64$

解説

公式❷にあてはまらなければ、公式❶（⇒ p.76）を使って表をつくって因数分解しましょう。

(1) $x^2+8x+16$ ➡ 公式❷ $x^2+2ax+a^2$ になっている！

- x の2乗
- $4\times x$ の2倍 $=8x$
- 4 の2乗

よって、$x^2+2ax+a^2=(x+a)^2$ に $x=x$, $a=4$ を代入すると，$x^2+8x+16=(x+4)^2$（解答）

(2) x^2-5x+4 ➡ $-4x$ ではなく $-5x$ だから 公式❷
$x^2-2ax+a^2$ にあてはまらない。

x の2乗　$2×x$ の-2倍$=-4x$　2 の2乗

公式❶で因数分解しましょう。

x^2-5x+4 積が 4、和が -5 になる 2 つの数を見つけます。まずは自力で考え、見つからなければ表をつくります。

2 つの整数は -1 と -4 とわかります。よって、

x^2-5x+4
$=(x-1)(x-4)$（解答）

積が 4	和	積が 4	和
1と4	5	−1と−4	−5
2と2	4	−2と−2	−4

(3) $y^2-16y+64$ ➡ 公式❷ $x^2-2ax+a^2$ になっている！

y の2乗　$8×x$ の-2倍$=-16y$　8 の2乗

83

よって $x^2-2ax+a^2=(x-a)^2$ に $x=y$, $a=8$ を代入すると、

　$y^2-16y+64=$ $(y-8)^2$ （解答）

最後は公式③についてです。

● 1 次の項がない特徴をもつ、和と差の積の公式❸
$x^2-a^2=(x+a)(x-a)$

＜目のつけ方＞
(1) 2乗となっている、文字、数を2つを見つける。
(2) それが引き算になっていて他の項がなければ公式❸。

↙ 2乗の差以外に他の項なし ➡ x^2-a^2 の公式！

例　　　$x^2-a^2=(x+a)(x-a)$ に
　　　　　　　　　　$x=x$, $a=2$ を代入して
　　　　　　　　　　$x^2-4=(x+2)(x-2)$

例題 5

因数分解しましょう。

(1) $4x^2 - 1$ (2) $x^2 - \dfrac{1}{4}y^2$

解説

文字の 2 乗に係数があっても、公式に「何を代入すればよいのか」を焦らずに考えれば必ずできます。

(1) $4x^2 = 2x \times 2x = \boxed{(2x)}^2$ に注目しましょう。

$4x^2 - 1$　2乗の差以外に他の項なし ➡ $x^2 - a^2$ の公式！
↓　　↓
$\boxed{2x}$　$\boxed{1}$
の2乗　の2乗

公式 $x^2 - a^2 = (x+a)(x-a)$ に $x = 2x$, $a = 1$ を代入して、

$4x^2 - 1 = \boxed{(2x)}^2 - 1^2 = \boldsymbol{(2x+1)(2x-1)}$

(解答)

(2) 今回の注目点がわかりますか。

$\dfrac{1}{4}y^2 = \left(\dfrac{1}{2}y\right) \times \left(\dfrac{1}{2}y\right) = \left(\dfrac{1}{2}y\right)^2$ です。

$x^2 - \boxed{\dfrac{1}{4}y^2}$　2乗の差以外に他の項なし
↓　　　↓　➡ $\boldsymbol{x^2 - a^2}$ の公式！
$\boxed{x}$　$\boxed{\dfrac{1}{2}y}$
の2乗　の2乗

公式 $x^2 - a^2 = (x+a)(x-a)$ に $x=x$, $a=\dfrac{1}{2}y$ を代入して

$$x^2 - \dfrac{1}{4}y^2 = x^2 - \left(\dfrac{1}{2}y\right)^2$$

$$= \left(x + \dfrac{1}{2}y\right)\left(x - \dfrac{1}{2}y\right) \quad \text{(解答)}$$

これで因数分解もバッチリですね。

よくわかりました！

第4章

2次方程式

- その1　2次方程式の3つの解き方
- その2　因数分解で解く解き方
- その3　平方根を使う解き方
- その4　2次方程式の解の公式

その1 2次方程式の3つの解き方

第4章は2次方程式です。中学校で何か習いませんでしたか？

$ax^2+bx+c=0$ の「解の公式」は習いました。どんな公式か忘れましたが・・・

「解の公式」は $x=\dfrac{-b\pm\sqrt{b^2-4ac}}{2a}$ ですね。2次方程式を解く魔法の公式ですが、まずは解の公式を使わずに解く方法を学びましょう。使うのは、これまでに学んだ展開・因数分解・平方根です。

いままでの内容が役に立つんですね！

どの方法で解けるのか見抜く力がつけば、速く、正確に解けるようになるよ！

2次方程式の3つの解法

❶ 因数分解で解く解き方（⇒ p.90）

　因数分解の公式にあてはめて解く方法で、3つの因数分解の公式（⇒ p.76）を使い分けて解く。

> **例** $x^2-x-2=0, \ x^2-2x+1=0, \ x^2-1=0$

❷ 平方根を使う解き方（⇒ p.94）

　2乗の部分以外に1次の項がない場合にはこの解き方で解く。

★数字の部分が 1，4，9 などで $x^2-a^2=0$ の公式が使えるときには、❶の解き方で解く。

> **例** $2x^2-5=0, \ (x+1)^2-3=0$

❸ 「解の公式」を使う解き方（⇒ p.98）

$ax^2+bx+c=0$ のとき、下の公式にあてはめる。

$$x=\frac{-b\pm\sqrt{b^2-4ac}}{2a}$$

その2 因数分解で解く解き方

2次方程式なのに、どうして因数分解が有効なんですか？

よく考えてごらん。因数分解は式をかけ算にすることだったよね？　そして、2次方程式は答えが0になる。ということは・・・

「かけてあるものの、いずれかが0」ってことですね！

$$x^2 - 3x + 2 = 0 \xrightarrow[\text{かけ算の形へ}]{\text{因数分解}} (x-1)(x-2) = 0$$

xにどんな数を代入すれば0になるかがわかる。

その通り。2次方程式の解を求めるには、因数分解すればいい、ということがわかるね。

因数分解で解く解き方

実際に因数分解で2次方程式を解いてみよう。因数分解さえできれば、あとはかけ算の部分を0にするだけだよ。

因数分解で解く解き方

(1) 準備段階

かっこをひらいたり、移項をしたりして **2次式＝0** にし、x^2 の係数を **1** にして、$x^2+bx+c=0$ の形にする。

例 $x^2+x(x+2)-4=0$

$x^2+x^2+2x-4=0$ ←展開して整理

$2x^2+2x-4=0$ ←同類項を計算

$x^2+x-2=0$

(2) 左辺を因数分解して解を求める。

例 $x^2+x-2=0 \xrightarrow{\text{因数分解}} (x-1)(x+2)=0$

$x-1=0$ または $x+2=0$

よって、$x=1$ または $x=-2$

例題 1

次の 2 次方程式を因数分解を利用して解きましょう。

(1) $x^2 + 3x = 0$
(2) $2x^2 - 12x + 16 = 0$
(3) $x^2 - 10x + 25 = 0$
(4) $x^2 + 4 = 5$

解説

(1) $x^2 + 3x = 0$ ← x が共通因数になっています

共通因数の x でくくった

$x(x+3) = 0$

$\boxed{x} = 0$ または $\boxed{x+3} = 0$ より、

$x = 0$, または $x = -3$（解答）

(2) まずは、x^2 の係数が 1 ではないので、1 にします。
両辺を 2 でわって

$$\overset{1}{2}x^2 - \overset{6}{12}x + \overset{8}{16} = 0$$

$$x^2 - 6x + 8 = 0$$

共通因数がありませんので、**和と積**に注目して因数分解をしてみましょう。表をつくって因数分解を目指します。

右の表より**積が 8** で**和が −6** となる組み合わせは **−2 と −4** です。

$x^2 - 6x + 8 = 0$

積が 8	和	積が 8	和
1 と 8	9	−1 と −8	−9
2 と 4	6	−2 と −4	−6

✓ 左辺を因数分解した

$(x-2)(x-4)=0$

$\boxed{x-2}=0$ または $\boxed{x-4}=0$ より、

$x=2$ または $x=4$ （解答）

(3) 共通因数はありませんが、x^2 は $\boxed{x}$ の2乗、25が5の2乗、$-10x=-2\times\boxed{5}\times\boxed{x}$ となっています。

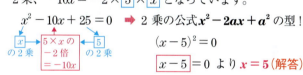

$(x-5)^2=0$

$\boxed{x-5}=0$ より $x=5$（解答）

(4) 右辺＝0になっていない場合は、移項して右辺＝0にしてから解き始めます。

$x^2+4=5$

$x^2-1=0$

$x^2-1=0$ ➡ 2乗の引き算で、それ以外の項がない。

公式 $x^2-a^2=(x+a)(x-a)$ の型！

$\boxed{x}$ の2乗　$\boxed{1}$ の2乗

$(x+1)(x-1)=0$

$\boxed{x+1}=0$ または $\boxed{x-1}=0$ より $x=-1$ または $x=1$

（解答）

その3 平方根を使う解き方

平方根を使って解ける2次方程式の特徴は、$ax^2 - b = 0$ または $a(x+m)^2 - n = 0$ と2乗の形があることです。また、**2乗の形以外に1次の項がなく**、$x^2 - 2^2$ のような2乗どうしの差になっていない点にも注目しましょう。

わかりました！

平方根を使う解き方

(1) 移項して $ax^2 = b$ または $a(x+m)^2 = n$ と左辺に2乗の式、右辺に数字がくるように移項する。両辺を a でわり、

$$x^2 = b \times \frac{1}{a} \text{ または } (x+m)^2 = n \times \frac{1}{a} \text{ の形にする。}$$

例 $2(x+1)^2 - 3 = 0 \xrightarrow{\text{移項}} ②(x+1)^2 = 3$

$\xrightarrow{\text{2で割る}} (x+1)^2 = \dfrac{3}{②}$ 　分母へ

(2) 平方根を求める計算をする。

左辺、右辺それぞれの操作に注意しましょう。

左辺：$x^2 \to x$、$(x+m)^2 \to (x+m)$ と2乗を1次に。

右辺：数字に $\pm\sqrt{}$ をつける。

例　　2乗を1次に

$$(\boxed{x+1})^2 = \frac{3}{2} \quad x+1 = \pm\sqrt{\frac{3}{2}}$$

$\pm\sqrt{}$ をつける

(3) 分母に $\sqrt{}$ があれば有理化する。

例

$$\pm\sqrt{\frac{3}{2}} = \pm\frac{\sqrt{3}}{\sqrt{2}} = \pm\frac{\sqrt{3}}{\sqrt{2}} \times \frac{\sqrt{2}}{\sqrt{2}}$$

$$= \pm\frac{\sqrt{3\times 2}}{2} = \pm\frac{\sqrt{6}}{2}$$

(4) $x=$ の形になるように移項する。

例　$x+1 = \pm\dfrac{\sqrt{6}}{2}$ の $+1$ を移項する。

-1 を通分した形

$$x = -1 \pm \frac{\sqrt{6}}{2} \left(\text{または} \frac{-2\pm\sqrt{6}}{2} \right)$$

第4章　2次方程式

では、問題を見てみましょう。

例題 2

次の 2 次方程式を平方根を使う解き方で解きましょう。
(1) $3x^2 - 5 = 0$　　(2) $3(x+5)^2 - 21 = 0$

解説

$ax^2 - b = 0$ もしくは $a(x+m)^2 - n = 0$ となっているので平方根を使う解き方で解くと判断できますね。（2 乗どうしの差 $x^2 - a^2$ の形になっていないところにも注目しましょう）

(1) $3x^2 - 5 = 0$

　　　✓ 2乗を左辺、数を右辺に移項した

$3x^2 = 5$

　　　✓ 平方根を求める計算

$$\boxed{x}^2 = \frac{5}{3} \quad \boxed{x} = \pm\sqrt{\frac{5}{3}}$$

$\pm\sqrt{}$ をつける

✓ $\sqrt{}$ を分母・分子に分けた

$x = \pm\dfrac{\sqrt{5}}{\sqrt{3}}$

✓ 分母分子に $\sqrt{3}$ をかけて分母の有理化

$= \pm\dfrac{\sqrt{5}}{\sqrt{3}} \times \dfrac{\sqrt{3}}{\sqrt{3}} = \pm\dfrac{\sqrt{5 \times 3}}{3} = \pm\dfrac{\sqrt{15}}{3}$

$$x = \pm\dfrac{\sqrt{15}}{3} \quad \text{(解答)}$$

(2) 平方根を使って解く型なので、かっこの中の2乗は展開しません。まず、2乗のかっこの前の係数を1にします。

$$3(x+5)^2 - 21 = 0$$
$$3(x+5)^2 = 21 \quad \leftarrow \text{2乗を左辺、数を右辺に移項した}$$
$$\frac{1}{\cancel{3}}(x+5)^2 = \cancel{21}\,7$$
$$(x+5)^2 = 7$$

平方根を求める計算

$$(\boxed{x+5})^2 = 7 \text{ より } \boxed{x+5} = \pm\sqrt{7}$$

$\pm\sqrt{}$ をつける

$$\boldsymbol{x = -5 \pm \sqrt{7}} \text{ （解答）}$$

ここまでは、因数分解と平方根ができればバッチリですね！

よし、いよいよ「解の公式」に取りかかろう！

その4 2次方程式の解の公式

2次方程式の「解の公式」

「解の公式」は、**2次方程式 $ax^2+bx+c=0$ の a、b、c の値がわかれば**たちどころに解が出てくる便利な公式です。

便利すぎ・・・すごい公式ですね。

複雑な公式ですが、丸暗記してしまいましょう。

●解の公式

$ax^2+bx+c=0$ の解は

$$x = \frac{-b \pm \sqrt{b^2-4ac}}{2a}$$

覚えたら、問題で確認して、この章はおしまいだよ。

ありがとうございました！

例題 3

次の 2 次方程式を解の公式を利用して解きましょう。
$x^2 + 8x + 3 = 0$

解説

$a = 1$, $b = 8$, $c = 3$ を解の公式に代入します。

$$x = \frac{-8 \pm \sqrt{8^2 - 4 \times 1 \times 3}}{2 \times 1}$$

$$= \frac{-8 \pm \sqrt{64 - 12}}{2}$$

$$= \frac{-8 \pm \sqrt{52}}{2}$$

$\sqrt{52}$ がまだ計算できますね。$52 = 2 \times 2 \times 13 = 2^2 \times 13$ より

$$= \frac{-8 \pm \sqrt{2^2 \times 13}}{2} = \frac{-8 \pm 2\sqrt{13}}{2}$$

←$\sqrt{}$ の中の 2^2 を外へ

$$= \frac{\overset{4}{-\cancel{8}} \pm \overset{1}{\cancel{2}}\sqrt{13}}{\underset{1}{\cancel{2}}} = -4 \pm \sqrt{13}$$

←分母と分子を 2 で約分

$x = -4 \pm \sqrt{13}$ （解答）

第5章

比　　例
反 比 例
1 次関数

- その1 比　例
- その2 反 比 例
- その3 1次関数

その1 比 例

●「比例」を言葉から数や式へと発展！

先生、比例ってどういうことですか？

実は、日常生活で使い慣れている関係なんだよ。下の図を見てごらん。

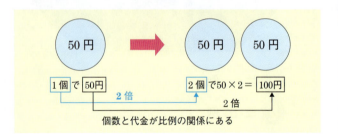

個数と代金が比例の関係にある

「一方のものが増えるにつれてもう一方も同じ割合で増えていく」という当たり前のことなんですね！

この関係を式で表すと、y が x に比例するときは、比例定数 a を用いて、$y=ax$ となるよ。102ページの図の場合、〈代金＝1個の値段×個数〉の式に、y を代金、x を個数とすると、比例定数（1個の値段）は 50 となるので、$y=50x$ と表せるね。

では、$y=ax$ と表されれば、比例の関係にある、ということが言えるのですね？

その通り！　物の値段のほかにも、一定速度の車の移動距離や毎月の定額の積立貯金も比例の関係にあるといえるね！

日常生活は比例だらけなんですね！

比から比例へとステップアップ！

3個165円のりんごは7個でいくらなのか考えましょう。比の式を使えば簡単です。

比の式？

比の式 $a:b=c:d$ は、外項の積＝内項の積が成立して $ad=bc$ となります。

$a:b=c:d$
外 内 内 外
内項の積 $b \times c$
外項の積 $a \times d$

7個で y 円とします。
$3:165=7:y$ より
$3 \times y = 165 \times 7$ なので

$3y = 165 \times 7$　　$\overset{1}{3}y = \overset{55}{165} \times 7$　　$y=385$（円）です。

じゃあこれを比例の式 $y=ax$ で求めるにはどうすればいいかな？

え〜っと、比例定数がないですよね。どうしよう！

この順番で考えれば比例定数がわかります。

比例の関係式 $y = ax$

(1) 比例かどうかをチェックする。

リンゴの個数と代金との関係は、**代金＝1個の値段×個数**が成立するので**比例**です。

(2) $y = ax$ の式に値を代入して a を求める。

y を代金、**x を個数**、**a をリンゴ1個の値段**とすると、3個で165円より、$x = 3$, $y = 165$ を $y = ax$ に代入して、

$165 = a \times 3$

$3a = 165$　←左右を入れ替え

$\cancel{3}a = \overset{55}{\cancel{165}}$　←両辺を3でわった

$a = 55$ となり、比例の式は $y = 55x$

(3) 比例の式にほしいリンゴの数を代入して値段を求める。

$x = 7$ を代入して

$y = 55 \times 7 = 385$（円）

第5章　比例　反比例　1次関数

なるほど「1個あたりの値段」が比例定数になるのですね！

そうだね。では、比と比例の式の関係がわかったところで、問題で確かめてみよう！

例題 1

(1) y が x に比例し $x = -\dfrac{1}{2}$ のとき、$y = 3$ です。y を x の式で表しましょう。また、$x = 7$ のときの y の値を求めましょう。

(2) 7 L で1,680円のガソリンを6,000円分購入すると、何 L になりますか。

解説

(1) y が x に比例しているので、比例定数を a とすると、$y = ax$ と表せます。

$y = ax$ に $x = -\dfrac{1}{2}$、$y = 3$ を代入して

$3 = a \times \left(-\dfrac{1}{2}\right)$

$3 \times 2 = -a$ ←両辺に2をかけて分母をはらった

$a = -6$ ←符号を逆にした

よって比例の式は $y = -6x$ となり、

$x = 7$ を代入し、$y = -6 \times 7 = -42$

$y = -6x$, $x = 7$ のとき $y = -42$（解答）

★比例定数は、分数やマイナスの値になることもあります。

(2) 購入したガソリンのL数を x、1Lの価格を a、購入価格を y とすると x と y の間には、**比例の関係**があります。

$y = ax$ に $x = 7$, $y = 1680$ を代入すると

$1680 = a \times 7$

$7a = 1680$ ←左右を入れ替え

$\cancel{7}a = \cancel{1680}$　$a = 240$ ←両辺を7でわって $a =$ の形に
 1　　 240

$y = 240x$ に $y = 6000$ を代入して

$6000 = 240x$

$x = 25$

25 L（解答）

比例のグラフをかくには原点を有効活用する

先生、第1章の数直線で1つの値の位置や大きさが視覚的にわかりましたが、もし、2つの値を知りたくなったらどうなるのですか？

すごいことに気づいたね！ それには、「座標」と「グラフ」が有効なんだ。x座標とy座標が1つに決まると、座標平面上に1つの点が現れます。点は（x座標の値, y座標の値）と表します。

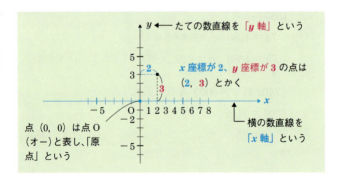

これと比例の式 $y=ax$ が、どう関係あるのですか？

この座標平面上に **$y = ax$ を成立させる点をどんどん置いていくと、やがてつながり、1本の直線**になります。それが<u>比例のグラフ</u>となります。

そんなにたくさん点を置いていくのはめんどうです。

大丈夫、$y = ax$ を成立させる点がひとつわかれば、その点と原点を結ぶことでグラフがかけるよ。

ところで、比例定数 a がマイナスのときはどうなるんですか？

いい質問だね。プラスのときは右上がりのグラフになるけど、マイナスのときは右下がりのグラフになるんだ。

a の正負で増減が逆になる、$y = ax$ のグラフについて

$y = ax$ のグラフの特徴

❶ $a > 0$ で右上がりのグラフ、$a < 0$ で右下がりのグラフ

❷ 必ず原点 (0, 0) を通る。

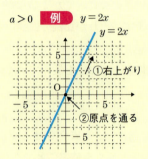

● $y=ax$ のグラフを簡単にかく方法

(1) 原点に印をつける。

(2) ● 比例定数が整数のとき

$x=1$ を代入 ➡ y 座標を求めて座標平面上に点をとって原点と直線でつなぐ。

$x=1$ が一番簡単

● 比例定数が分数のとき

x に分母の値を代入する。➡ y 座標を求めて座標平面上に点をとって原点と直線でつなぐ。

★ 2つの点がわかれば、直線がかける。

例 $y=2x$ ならば $x=1$、$y=2$、つまり点 $(1,2)$ を通る。

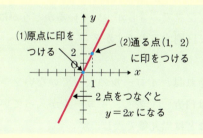

原点と点がひとつ決まれば、比例のグラフがかけるんですね！

どんな数字を代入しても増える割合は同じということが視覚的にもわかりますね。

グラフの変域

ちょっとグラフについての知識を深めてみよう。変数 x や y の取りうる範囲のことを**変域**といい、**不等号 $<$, $>$ 、もしくは等号つき不等号 $\leq$ 、$\geq$ の**記号で表します。

グラフで、等号がついているかどうかはどうやって区別するのですか？

それは、イコールの入っていない $x > -3$ などは白丸○で表し、イコールが入っている $x \leq 3$ などは黒丸●で表します。

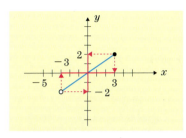

左の図の x の変域は
$-3 < x \leq 3$

左の図の y の変域は
$-2 < y \leq 2$

では、グラフと変域の問題に取り組んでみよう。

例題 2

(1) 次の①②の表しているグラフを選びましょう。

① $y = 2x$

② $y = -\dfrac{3}{2}x$

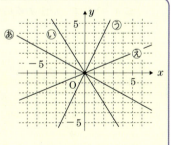

(2) $y = 2x$ で x の変域が $-2 < x \leq 4$ のときの y の変域を求めましょう。

解説

(1) グラフが通る点は、x の値を代入して y の値を求めればわかります。その点を利用してグラフが通っているかを調べていきましょう。

① $x=1$ を代入し $(1, 2)$ を通る ➡ **③のグラフ（解答）**
　比例定数が分数なので分母の値を代入した

② $x=2$ を代入し $(2, -3)$ を通る ➡ **①のグラフ（解答）**

(2) $x=-2$ を代入して $y=2\times(-2)=-4$
　　$-2<x$ でイコールがないので $-4<y$
　　$x=4$ を代入して
　　$y=2\times 4=8$
　　$x\leqq 4$ でイコールがあるので $y\leqq 8$

$-4<y\leqq 8$（解答）

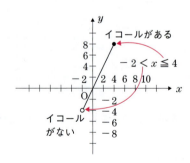

その2 反比例

● 比例の「反対」としての反比例を実感しよう！

反比例とは、比例の反対のことで「一方が増えて、もう一方が減り、両方をかけた値が一定となる」ような関係のことを言うよ。この表を見てみよう。12枚のカードを配ると仮定します。

配る人数	1人分の枚数	かけた値
2 人	6 枚	12
3 人	4 枚	12
4 人	3 枚	12
6 人	2 枚	12

配る人数が増えて、1人分の枚数が減ってもカードの総数は同じですね。

a がカードの総数、x が人数、y が1人あたりの枚数とすると、$y = \dfrac{a}{x}$ または $xy = a$ となっているね。

例題 3

(1) 次の関係を式で表しましょう。

　時速 x km で 100 km の道のりを走るのにかかる時間 y 時間

(2) y が x に反比例していて、$x=3$ のとき、$y=-5$ です。y を x の式で表し、$x=-2$ のときの y の値を求めましょう。

解説

反比例の関係は $xy=a$ または $y=\dfrac{a}{x}$ と表します。

(1) 　$100 = xy$ 　←道のり＝速さ×時間の式に代入

　　　$xy = 100$ 　←左右総入れ替え　　　**$xy = 100$**（解答）

　（式の形から**反比例である**ことがわかります。）

(2) y が x に反比例するので $y = \dfrac{a}{x}$ とおける。

　$x=3$, $y=-5$ を代入して

　　$-5 = \dfrac{a}{3}$

　　　　　✓分母をはらう

　$-5 \times 3 = a$

　　　　　✓左右入れ替え

　　$a = -15$ 　　　　　　　　**$y = \dfrac{-15}{x}$**（解答）

$y = \dfrac{-15}{x}$ に $x = -2$ を代入して

$y = \dfrac{-15}{(-2)} = \dfrac{15}{2}$ （解答）

2つの曲線になる反比例のグラフ

反比例のグラフはどんな形になると思いますか？

え〜と…。ちょっとよくわかりません

そう、少し難しいよね。では、反比例のグラフの特徴をまとめておいたから、確認してみよう。

反比例 $y = \dfrac{a}{x}$ のグラフの特徴

❶ $a > 0$ で右下がりの相対する双曲線，$a < 0$ で右上がりの相対する双曲線（2つの曲線）

❷ 原点 $(0, 0)$ は通らない，x 軸とも y 軸とも交わらない。

$a > 0$

例 $y = \dfrac{4}{x}$

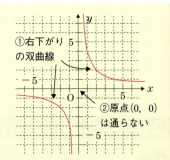

$a < 0$

例 $y = \dfrac{-4}{x}$

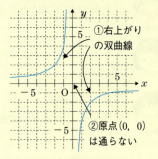

★グラフをのばしていっても x 軸、y 軸に近づくだけで交わりません。

x 軸、y 軸のように曲線が近づく直線を漸近線といいます。

おもしろい曲線になりましたね！

曲線上を通る点に注目していくと、考えやすくなるよ。それを、問題でも確かめてみよう。

例題 4

次の(1)(2)は反比例のグラフです。それぞれ y を x で表しましょう。

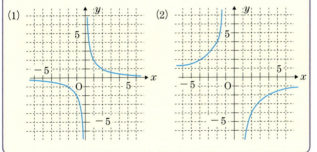

解説

反比例が成立しているならば $xy = a$（a を求めるときはこの形が使いやすい）と表されます。x と y ともに整数の点を見つけて式に代入し、a を求めましょう。

(1) $xy=a$ に通る点 $(1, 2)$ を代入して $1×2=a$

$a=2$ より、$xy=2$ または $y=\dfrac{2}{x}$ (解答)

(2) $xy=a$ に通る点 $(2, -4)$ を代入して $2×(-4)=a$

$a=-8$ より、$xy=-8$ または $y=-\dfrac{8}{x}$ (解答)

その3 1次関数

言葉の整理と比例からの橋渡し

$y=ax+b$ と表されるとき、y は x の **1次関数** と言います。比例の式と似ていますね。

$+b$ という部分が違います。

そうですね。そして、用語も変わります。a は比例定数と言わずに **「変化の割合」**、もしくは **「傾き」** と言います。b は **「y切片」** と言います。$y=2x+3$ では、変化の割合（傾き）は2、y切片は3です。

式ではなくて、グラフや通る点から変化の割合を求めるにはどうしたら良いのですか？

良い質問ですね。変化の割合（傾き）は、グラフの通る2点から、次の公式で求められます。

$$\text{変化の割合 } a = \frac{y\text{の増加量}}{x\text{の増加量}}$$

増加量って、増えた値のことですか？ ちょっとわかりづらいです。

増加というよりは、変化した値の方が分かりやすいかもしれないね。こんな感じで捉えておこう。

x の増加量＝大きい x －小さい x

y の増加量＝大きい x のときの y －小さい x のときの y

例えば、次の場合、グラフは点（2，－2）と点（－1，4）を通っているから、

変化の割合＝$\dfrac{-2-4}{2-(-1)}=-2$ となります。

では、問題だよ。

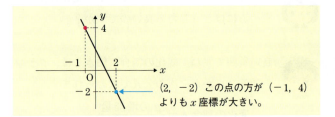

（2，－2）この点の方が（－1，4）よりも x 座標が大きい。

例題 5

(1) 次の場合、yをxの式で表しましょう。
　水そうに 50 L の水が入っている。毎分 3 L、ポンプで x 分水をくみ出すときの、残っている水の量 y L。
(2) 点 (5, 5) と点 (8, −4) を通る1次関数の変化の割合（傾き）を求めましょう。

解説

(1) 一度に考えずに、少しずつ考えます。まず

　　くみ出した水の量＝1分あたりのくみ出し量×時間（分）より
　　　　　　　　　　＝$3 \times x = 3x$

　さらに、残っている水の量＝水の全部の量−くみ出した水の量 より、$y = 50 - 3x$

　$y = -3x + 50$（解答）

(2) 変化の割合 $= \dfrac{y の増加量}{x の増加量}$

　　　$= \dfrac{\text{大きい}x\text{のときの}y - \text{小さい}x\text{のときの}y}{\text{大きい}x - \text{小さい}x}$

　　　$= \dfrac{-4-5}{8-5} = \dfrac{-9}{3} = \dfrac{-\cancel{9}^{3}}{\cancel{3}_{1}} = -3$（解答）

🟡 1次関数のグラフをかいてみよう！

比例のグラフは、原点ともう1点をつなげばかけましたが、1次関数だと、原点を通るとは限らないですよね。どうグラフをかいたらよいのですか？

「通る2点を調べて直線で結ぶ」ということは変わりがないけど、原点ではなくて、今度は y 切片に注目しよう。

$y = ax + b$ の b のことですよね。

そう、グラフの式に $x = 0$ を代入すると出てくる値だね。それが y 軸との交点の値である y の値になるんだ。かき方のまとめで確認しよう。

1次関数 $y = ax + b$ のグラフのかき方

(1) **y切片**の値から、必ず通る点 **(0, b)** に印をつける。

例 $y = \dfrac{1}{2}x - 2$ とすると

(0, −2) を通る。

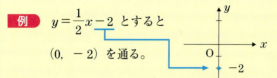

(2) x に **1** か、傾きが分数ならば x に**分母の値**を代入して y を求める（比例のグラフと同じ）。

$y = \dfrac{1}{2}x - 2$ に、$x = 2$ を代入。 $y = \dfrac{1}{2} \times 2 - 2$
$\qquad\qquad\qquad\qquad\qquad\qquad = 1 - 2 = -1$

分母の値

(2, −1) を通る。

(3) 上の **2** 点をつないで直線にする。

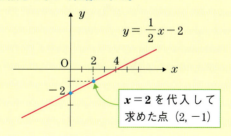

$x = 2$ を代入して求めた点 (2, −1)

例題 6

次の 1 次関数のグラフを y 切片を利用してかきましょう。

(1) $y = 3x + 2$　　(2) $y = -\dfrac{3}{2}x + 1$

解説

直線は **2 点を結べばかくことができる**ので、まず y 切片を利用して 1 点を求めます。もう 1 点は自分で x の値を式に代入して y の値を出します。

(1) $y = 3x + 2$ の y 切片から **(0, 2)** を通る。

$x = 1$ を代入すると、

$y = 3 \times 1 + 2 = 3 + 2 = 5$ となるので点 **(1, 5)** を通る。

2 点 (0, 2)(1, 5) をつないで直線をかく。

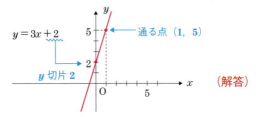

（解答）

(2) $y=-\dfrac{3}{2}x+1$　y切片が1より **(0, 1)** を通る。

　　<u>傾きが分数なので分母を代入</u>

　　$x=2$ を代入すると

　　$y=-\dfrac{3}{\underset{1}{2}}\times \overset{1}{2}+1=-3+1=-2$　　よって点**(2, -2)**を通る。

2点 (0, 1)(2, -2) をつないで直線をかく。

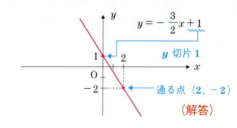

（解答）

グラフや言葉から式を作り出す

式からグラフがかけるようになったので、今度は、グラフから式を求めるようになりたいです！

おやおや、やる気が出てきたみたいだね。それには、「グラフの通る点」「変化の割合（傾き）」「y切片」などの用語と式を結びつけて考えることが必要だよ。例として、y切片が -1 で点 $(2, 3)$ を通る直線の式を求めてみよう。

例 y切片が -1 で点 $(2, 3)$ を通る直線の式を求めます。

(1) $y = ax + b$ と式を立てる。

「変化の割合（傾き）」がわかったら ➡ a の値にする。
「y切片」がわかったら ➡ b の値にする。

　　$y = ax + b$ とおいて、y切片が **-1** より $b = -1$ なので、$y = ax - 1$ となる

(2) 通る点がわかっていれば代入し、わからなければ、グラフから調べて（xとyの両方が整数になるような点が楽）(1)で求めた式に代入する。

(1)でaとbのどちらかがわかれば、1点を代入する。

(1)でa, bのどちらもわからなければ、2点を代入する。

　　　　　　　　　　✍(1)で b がわかったので 1 点を代入

$y = ax - 1$ に点 (2, 3) を代入して $3 = 2a - 1$

(3) (1)と(2)で出た 2 つの式を「連立方程式」として解く。

$$\begin{cases} b = -1 & \cdots ① \\ 3 = 2a - 1 & \cdots ② \end{cases}$$

を解く。

②より

　　✍左右を総入れ替え

$2a - 1 = 3$

　　✍-1 を移項

$2a = 3 + 1$

$a = 2$

以上より、求める直線の式は **$y = 2x - 1$** となる。

ここまでわかれば、どのような 1 次関数でも式が求められます！

例題 7

次のグラフから直線の式を求めましょう。

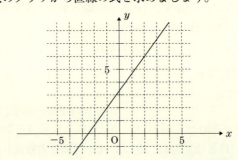

> ✓ y切片が整数値ではないのでxとyの両方の値が整数の点を探した

解説

求めるグラフを $y = ax + b$ とおく。

グラフから点 $(-1, 2)$ と $(2, 6)$ を通る。

$ax + b = y$ へ代入して ← 右辺と左辺を入れかえた

$$\begin{cases} -a + b = 2 & \cdots ① \\ 2a + b = 6 & \cdots ② \end{cases}$$

この連立方程式を解く。

$$\begin{array}{r} -a + b = 2 \\ -)2a + b = 6 \\ \hline (-1-2)a = 2 - 6 \end{array}$$

> b の係数が同じなので加減法を選択

$-3a = -4$ となるので、

$$a = \frac{4}{3}$$ ←左両辺を−3でわって $a=$ の形に

①の $-a+b=2$ に $a=\frac{4}{3}$ を代入

$$-\frac{4}{3} + b = 2$$

$-\frac{4}{3}$ を移項して計算

$$b = 2 + \frac{4}{3} = \frac{6}{3} + \frac{4}{3} = \frac{10}{3}$$

よって、$y = \frac{4}{3}x + \frac{10}{3}$ (解答)

関数を利用して連立方程式を解く！

ここでもう一度、2文字を用いた1次方程式の連立方程式を見てみよう。
$$\begin{cases} 2x + y = 3 \cdots ① \\ 3x - y = 2 \cdots ② \end{cases}$$
を計算で解くと、$x = 1$、$y = 1$ となります。

はい、加減法でも代入法でも解けます！

すごいじゃないか。では、ちょっとそれぞれの式の見方を変えてみよう。何か気づかないかい？

①は、$2x + y = 3$ → $y = -2x + 3$

②は、$3x - y = 2$ → $y = 3x - 2$

あれ、**1次関数の式になりました。**

正解。では、この2つのグラフをかいてみよう。

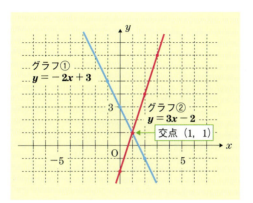

連立方程式の「解」と「交点の x と y の座標の値」が一致しています！

その通り、ここから「x, y 2文字の連立方程式の解は、2つのグラフの交点の座標の値に等しい」という事実が発見できますね。このことは、2次式の連立方程式でも使えますから、ぜひ覚えておきましょう。解を予想できたり、視覚化することができます！

はい、わかりました！

第6章

関数 $y=ax^2$

- その1 関数 $y=ax^2$ の基本
- その2 関数 $y=ax^2$ の応用

* 「$y=ax^2$」は中学の数学では「2乗に比例する関数」として勉強しています。

その1 関数 $y = ax^2$ の基本

● 関数 $y = ax^2$ を数や式で実感しながら理解しよう!

x の値が 2 倍になると、y の値が $2^2 = 4$ 倍になり、x の値が 3 倍になったとき、y の値が $3^2 = 9$ 倍になるようなとき「y は x の二乗に比例する」と言います。このとき**定数 a**（$\neq 0$）を用いて、$y = ax^2$ と表すことができます。

「**y は x の二乗に比例する**」の具体例をお願いします!

では、さっそく具体例で確認しましょう。

具体例で $y = ax^2$ を実感しよう!

1 辺が x cm の直角二等辺三角形の面積 y cm² は $\boldsymbol{y = \dfrac{1}{2}x^2}$ と表されますね。このとき、定数 $a = \dfrac{1}{2}$ です。

1辺が 2 cm の二等辺三角形の面積		**2倍の 1辺 4 cm の三角形の面積**
$=\dfrac{1}{2}\times 2\times 2 = 2 \ [\mathrm{cm}^2]$		$=\dfrac{1}{2}\times 4\times 4 = 8 \ [\mathrm{cm}^2]$

  辺を2倍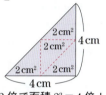

辺が2倍で面積 $2^2=4$ 倍！

 なるほど、辺が2倍になると、元の図形の4つ分、つまり4倍の面積になるのですね。

 そう、比例に比べてダイナミックに変化しているね。では、問題で確認しよう。

例題 1

(1) y は x の2乗に比例し、$x=2$ のときに $y=-8$ です。y を x の式で表してください。
(2) 1辺が x〔cm〕の立方体を考えます。表面積について y を x の式で表しましょう。

解説

y が x の2乗に比例すれば **$y=ax^2$** と表され、逆に **$y=ax^2$** と表されるならば y は x の2乗に比例する関数といえます。

(1) **y は x の2乗に比例**するので定数を a を用いて **$y=ax^2$** と表します。

$x=2$、$y=-8$ を $y=ax^2$ に代入すると、$-8=a\times 2^2$

$\overset{1}{\cancel{4}}a = \overset{-2}{\cancel{-8}}$ ←左右を入れ替えた

$a=-2$ なので求める式は、**$y=-2x^2$**（解答）

(2) 表面積は1枚 x^2〔cm^2〕の面積の正方形が6枚です。
よって面積は $y=6x^2$ です。

$y=6x^2$（解答）

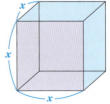

● a の正負で変化する $y = ax^2$ のグラフの特徴

$y = ax^2$ のグラフってどうなっているのですか？

比例や1次関数のように直線ではなく、物を斜めに放って描かれる曲線と同じ形をとることから、放物線と呼ばれる曲線になります。

物を斜めに投げ上げたときに物が描く形が 放物線

では、具体的な a の値からグラフの特徴を考えてみます。比例のグラフは $a > 0$ で右上がりのグラフ、$a < 0$ で右下がりのグラフでした。

今度はどうなるのかな。

では、$a>0$ である $y=\frac{1}{2}x^2\left(a=\frac{1}{2}\right)$ と $a<0$ である $y=-\frac{1}{2}x^2\left(a=-\frac{1}{2}\right)$ を考えます。代入した値を下に示すのでグラフをかいてみよう。

x	-3	-2	-1	0	1	2	3
$y\left(=\frac{1}{2}x^2\right)$	$\frac{9}{2}$	2	$\frac{1}{2}$	0	$\frac{1}{2}$	2	$\frac{9}{2}$
$y\left(=-\frac{1}{2}x^2\right)$	$-\frac{9}{2}$	-2	$-\frac{1}{2}$	0	$-\frac{1}{2}$	-2	$-\frac{9}{2}$

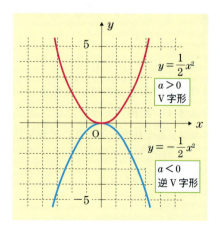

$a>0$ だと V 字型（上に開いた形）、$a<0$ だと逆 V 字型（下に開いた形）になるのですね。

 その通り。あとは、グラフに関する用語を確認しておきましょう。

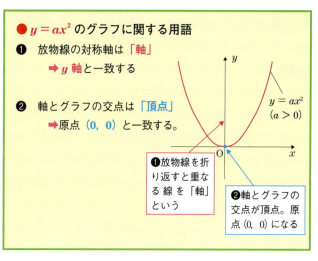

● $y=ax^2$ のグラフに関する用語

❶ 放物線の対称軸は「軸」
　➡ y 軸と一致する

❷ 軸とグラフの交点は「頂点」
　➡ 原点 (0, 0) と一致する。

❶放物線を折り返すと重なる線を「軸」という

❷軸とグラフの交点が頂点。原点 (0, 0) になる

グラフの変域

$y = ax^2$ のグラフでの y の変域は、グラフの形が複雑だから、1次関数のように変域の端の値だけに注目するわけにはいかなそうだね。

上がって下がるか、下がって上がるかだから、頂点 ($x = 0$) を含むか、で違ってきそうです！

そうだね。丁寧に、**x の変域の中でグラフの1番上と1番下**を見ていこう。

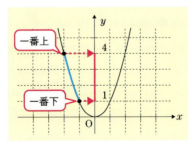

例1 $y = x^2$ で変域が $-2 \leqq x \leqq -1$ のとき

> 頂点を変域に含まない。

y の変域は $1 \leqq y \leqq 4$

例2　$y=x^2$ で変域が $-1 \leqq x \leqq 2$ のとき

頂点を変域に含む。

$x=0$ のとき
y の変域は $0 \leqq y \leqq 4$

では、イコールがあるかないかにも注目しながら、問題を解いてみよう。

頑張ります！

例題 2

次の関数について、x の変域が $-2 \leqq x < 3$ のときの y の変域を求めましょう。

(1) $y = x^2$ (2) $y = \dfrac{1}{2}x^2$ (3) $y = -\dfrac{1}{2}x^2$

解説

x に数をあてはめて計算するだけで処理するのではなく、グラフをかいてグラフの一番上と一番下を目で見て確認しましょう。グラフの黒い丸 ●（＝がある）と白い丸 ○（＝がない）にも注意します。

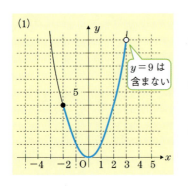

(1)

$y = 9$ は含まない

一番下は $x = 0$ のときで、$y = 0^2 = 0$

一番上は $x = 3$ に近づいたときで、そのとき $y = 3^2 = 9$ に近づく。

よって、y の変域は

$0 \leqq y < 9$（解答）

(2)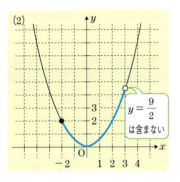

一番下は $x=0$ のときで
$y=\dfrac{1}{2}\times 0^2=0$

一番上は $x=3$ に近づいたときで、そのとき
$y=\dfrac{1}{2}\times 3^2=\dfrac{9}{2}$ に近づく。

よって、y の変域は

$0\leqq y<\dfrac{9}{2}$（解答）

(3)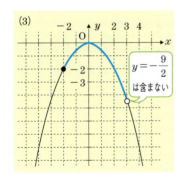

一番下は $x=3$ に近づいたときで、そのとき
$y=-\dfrac{1}{2}\times 3^2=-\dfrac{9}{2}$ に近づく。

一番上は $x=0$ のときで
$y=-\dfrac{1}{2}\times 0^2=0$

よって、y の変域は

$-\dfrac{9}{2}<y\leqq 0$（解答）

その2 関数 $y = ax^2$ の応用

関数 $y = ax^2$ の変化の割合

$y = ax^2$ の変化の割合って、1次関数のときのように a でいいのですか？

確かに直線は関係あるけれど、1次関数の場合のように一定の値にはならないよ。

どういうことなのでしょうか。

関数 $y = ax^2$ の変化の割合は、調べるグラフの2つの点をつないだ直線の変化の割合（傾き）として求めるんだ。

そうなんですね。そうすれば、x の範囲が違うと変化の割合も変わることになりますね！

ご明察！　例を挙げておきます。

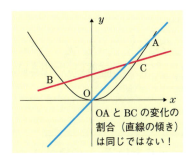

OAとBCの変化の割合（直線の傾き）は同じではない！

このグラフを見てわかるように、同じ1次関数でも、xの範囲が異なれば、変化の割合も異なることがわかりますね。

なるほど、そうすると、2点を結ぶ直線の傾きになるのだから、公式自体は1次関数と同じになるのですか？

その通り。もう1度確認をして、問題に入っていこう。

変化の割合＝
$\dfrac{y の増加量}{x の増加量}$ ＝ $\dfrac{\boxed{大きい x のときの y} - \boxed{小さい x のときの y}}{\boxed{大きい x} - \boxed{小さい x}}$

例題 3

関数 $y = -3x^2$ において、x の値が 2 から 4 まで増加するときの変化の割合を求めましょう。

解説

公式に代入しましょう。y 座標は、グラフの式に代入することで求められます。

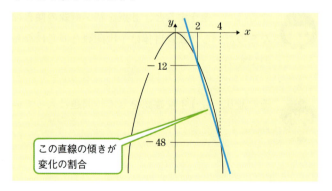

この直線の傾きが変化の割合

$x = \boxed{2}$ で $y = -3x^2 = -3 \times 2^2 = -3 \times 4 = \boxed{-12}$

$x = \boxed{4}$ で $y = -3x^2 = -3 \times 4^2 = -3 \times 16 = \boxed{-48}$

変化の割合 $= \dfrac{\boxed{\text{大きい } x \text{ のときの } y} - \boxed{\text{小さい } x \text{ のときの } y}}{\boxed{\text{大きい } x} - \boxed{\text{小さい } x}}$

$= \dfrac{\boxed{-48} - \boxed{-12}}{\boxed{4} - \boxed{2}} = \dfrac{-48 + 12}{2} = \dfrac{-36}{2}\dfrac{-18}{1}$

$= -18$ （解答）

関数 $y = ax^2$ と1次関数 $y = ax + b$ の交点

2つの1次関数の交点の x 座標と y 座標の値は、連立方程式の解に等しかったですよね。これは、関数 $y = ax^2$ と1次関数 $y = ax + b$ の交点でも同じなのですか？

そういうこと。まずは、グラフをかいて視覚的に確認しよう。慣れてきたら計算だけで解けるようになるよ。

それは楽しみです！

では、$y=x^2$ と $y=x+2$ の交点を考えてみよう。

連立方程式から交点を求める

$y=x^2$ と $y=x+2$ の交点は、

連立方程式 $\begin{cases} y=x^2 \\ y=x+2 \end{cases}$

を解いて、解の x, y を座標表示にすればよいのでしたね。

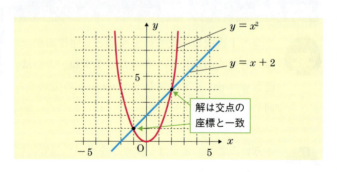

解は交点の座標と一致

(1) 2つの $y=$ の式から y を消去する。

y を消去するには、右辺どうしを「＝」で結びます。

$\left.\begin{matrix} y=x^2 \\ y=x+2 \end{matrix}\right\} \longrightarrow x^2=x+2$ となります。

　　　　　　　　　　　右辺どうしを＝で結んで y を消去

(2) x の 2 次方程式になるように、移項し「右辺＝0」にして解く。

$x^2 = x+2$ ✓ $x+2$ を移項して＝0の形にした

$x^2 - x - 2 = 0$ ✓積の値に注目

2 次方程式 $x^2 - x - 2 = 0$ を因数分解して解く。**和＝－1**、**積＝－2** の組合わせとなる 2 数は－2 と 1 だから

$x^2 - x - 2 = 0$ ✓因数分解

$(x-2)(x+1) = 0$

よって $x-2=0$ または

$x+1=0$ なので、交点の x 座標は $x=2, \ x=-1$

積が－2	和
－2と 1	－1
2と－1	1

(3) 求めた x を 1 次関数に代入して（$y=ax^2$ に代入してもよい。楽な方にする）、y を求め座標の形にする。

(i) $x=2$ のとき、

$y=x+2$ へ代入して、$y=2+2=4$

よって交点は **(2, 4)**

(ii) $x=-1$ のとき

$y=x+2$ へ代入して、$y=-1+2=1$

よって交点は **(－1, 1)**

グラフをもう一度見て、計算の結果が交点の座標になっていることを確認しておこう。

 はい！

第7章

確率
文章問題

 確率

 文章問題

その1 確　率

確率の基本用語と公式

先生、サイコロを振って1の目が当たりの時に、「当たりとハズレの2通りしかないから、当たるか外れるかは半々だ」と言われたんですが、何かおかしいですよね？

よい感覚だね。理由は、確率の基本ができていればすっきりとわかるようになるよ。

確率での用語と基本公式

❶ 確率…あることがらが起こると期待される程度を分数や割合で表したものを、そのことがらの起こる確率という。

❷ 同様に確からしい…どの結果が起こることも同じ割合で期待できること。このような場合に確率を計算で求めることができる。

　例　サイコロでは、どの目も出やすさは同じなので、目の出方は同様に確からしいといえる。

❸ 確率の求め方

起こりうる場合の数が**全部でn通り**あり、そのどれが起こることも同様に確からしいとする。このうち、ことがらAが起こりうる場合の数がa通りあるとき、Aの起こる確率pは次のようになる。

$$p = \frac{\text{Aの起こる場合は何通り}}{\text{ことがらが起こる場合は全部で何通り}} = \frac{a}{n}$$

なるほど。では、この公式に当てはめて、サイコロを1回投げて偶数が出る確率を求めてみます。

全部で何通り→1,2,3,4,5,6の**6通り**
偶数は何通り→2,4,6の**3通り**

よって、

偶数が出る確率＝

$$\frac{\text{偶数が出る場合は何通り}}{\text{全部で何通り}} = \frac{3}{6} = \frac{1}{2}$$

ですね！

すごいじゃないか！　確率は0～1までの数となり、**必ず起こるときの確率は1、全く起こらないときの確率は0**になるよ。

早く正確に数え上げる方法

「全部で何通り」と「Aの起こる場合は何通り」を数えるときに、手早くそして正確に数える方法があります。**樹形図と表の2つ**です。

ぜひ、教えて下さい！

樹形図は、左から起こる順に枝分かれをつくっていきます。人や数を並べていくときに使うと便利だよ。

例 A、B、C君の3人が並んだときに、A君が真ん中にくる確率を求めます。

3人の並び方は全部で

6通り

この中で真ん中にA君がくるのは**2通り**だから、

$$確率 = \frac{\text{A君が真ん中に来るのは何通り}}{\text{全部で何通り}} = \frac{2}{6} = \frac{\overset{1}{\cancel{2}}}{\underset{3}{\cancel{6}}} = \frac{1}{3}$$

次は、表ですね。どのような問題のときに有効なのですか？

表で数え上げるのは、横の欄と縦の欄が使えるので、勝ち負けやジャンケン、サイコロなど、2つのものの出方を考えるときに有効です。特にサイコロを2個投げるときに便利だよ。

例　A君、B君の2人でじゃんけんをする場合の確率

A君＼B君	グ	チ	パ
グ	ググ	グチ	グパ
チ	チグ	チチ	チパ
パ	パグ	パチ	パパ

左側に A 君、右側に B 君の結果

例えばあいこになるのは表の青い部分なので、

あいこになる確率 = $\dfrac{\text{あいこの場合は何通り}}{\text{全部で何通り}} = \dfrac{3}{9} = \dfrac{\overset{1}{3}}{\underset{3}{9}} = \dfrac{1}{3}$

第7章　確率 文章問題

同様に、A君が勝つのは赤丸で囲んだ場合で、A君が勝つ確率＝$\frac{3}{9}=\frac{1}{3}$であることがわかります。

樹形図でも書けそうですが、表の方がわかりやすいですね。

そうだね。サイコロを2個投げるときも表の方がわかりやすいことを確かめていこう。

例題 1

2個のサイコロを投げたときに、次のようになる確率を求めましょう。
(1) 和が7になる確率
(2) 5以上の目が1つでも出る確率

解説

サイコロ2個ですので表をつくって数えていきます。(2)の「1つでも出る」とは1つが5以上ならば、もう1つは5よりも小さくても5以上でもよい、ということです。言

い換えると「少なくとも1つは5以上の目が出る」ということですね。

(1) AとB2つのサイコロの表を書きます。A, Bの目の和を求めて表を埋めていきます。

> 目の和
> (A) 1 + (B) 2 = 3

A＼B	1	2	3	4	5	6
1	2	3	4	5	6	7
2	3	4	5	6	7	8
3	4	5	6	7	8	9
4	5	6	7	8	9	10
5	6	7	8	9	10	11
6	7	8	9	10	11	12

目の出方は
全部で何通り
$= 6 \times 6 =$ **36通り**

表より
和が7になる場合は何通り
= **6通り**

$$確率 = \frac{和が7になる場合は何通り}{全部で何通り} = \frac{6}{36} = \frac{\overset{1}{6}}{\underset{6}{36}} = \frac{1}{6} \text{(解答)}$$

(2) 出る目の組み合わせが問題となっているので、組み合わせで表を埋めていきます。

A\B	1	2	3	4	5	6
1	1-1	1-2	1-3	1-4	1-5	1-6
2	2-3	2-2	2-3	2-4	2-5	2-6
3	3-1	3-2	3-3	3-4	3-5	3-6
4	4-1	4-2	4-3	4-4	4-5	4-6
5	5-1	5-2	5-3	5-4	5-5	5-6
6	6-1	6-2	6-3	6-4	6-5	6-6

左側はA、右側はBの出た目

目の出方は
全部で何通り
= 36通り

表より
5以上の目が1つでも出る場合は何通り
= 20通り

確率 = $\dfrac{5以上の目が1つでも出る場合は何通り}{全部で何通り}$ = $\dfrac{20}{36}$ = $\dfrac{\overset{5}{20}}{\underset{9}{36}}$ = $\dfrac{5}{9}$ （解答）

同じものが含まれているときの確率

また、違った疑問が湧いてきました。1つの袋の中に青玉3個、白玉4個、赤玉5個が入っていて、1個取り出したときに、青玉が出る確率は「青玉と白玉と赤玉の3種類あるから $\dfrac{1}{3}$ 」とは言えないですよね？

言えないね。感覚的にも個数の多い赤玉が出る確率が一番高くなりそうだよね。

この場合は、どうやったら良いのですか？　1つの色を取りだす取り出しやすさは同様に確からしいとは言えないと思います。

そうだね、「同様に確からしく」する工夫をしよう。玉に番号をふって、全部を区別しておけば大丈夫。

じゃあ、青に①②③、白に①②③④、赤に①②③④⑤と番号をつけておきます。

これで準備完了。あとは数えるだけだよ！

玉の取り出し方は全部で 3 ＋ 4 ＋ 5 ＝ 12 で **12通り**です。

●青玉を取り出す場合

青玉は①②③の **3個**ありますから

青玉を取り出す確率 ＝ $\dfrac{\text{青玉を取り出す場合は何通り}}{\text{全部で何通り}} = \dfrac{3}{12}$

●赤玉を取り出す場合

赤玉は①②③④⑤の **5個**ありますから

赤玉を取り出す確率 ＝ $\dfrac{\text{赤玉を取り出す場合は何通り}}{\text{全部で何通り}} = \dfrac{5}{12}$

○**白玉を取り出す場合**

白玉は①②③④の 4 個ありますから

白玉を取り出す確率 ＝ 白玉を取り出す場合は何通り／全部で何通り ＝ $\dfrac{4}{12}$

赤玉を取りだす確率が一番大きいとわかりました！

確率は日常生活でもとても役に立ちますよ。問題を解いて、確率を使いこなせるようになろう！

例題 2

> 数字を書いた 4 枚のカード 1 2 2 3 があります。このカードから 2 枚を取り出して並べ、2 桁の数字を作ります。
> (1) 偶数になる確率を求めましょう。
> (2) 3 の倍数になる確率を求めましょう。

解説

同じカードがあるので「区別」して数えていきます。カードを並べるので「樹形図」が役立ちそうです。

(1) 数が偶数であるとき、一の位の数字が偶数であるということを利用すると簡単に判断ができます。

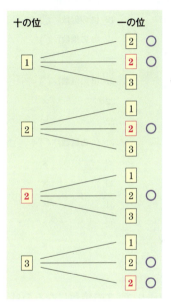

　同じカードを 1 2 2 3 と色を分けて区別します。どのカードを2枚取り出すかは、「同様に確からしい」と考えられます。

　4枚の異なるカードから2枚のカードを取り出す取り出し方は 12通り 。

　一の位の偶数になる場合は 6通り （○をつけたもの）。

一の位が偶数になる確率＝ 一の位が偶数になる場合は何通り / 全部で何通り

$= \dfrac{6}{12} = \dfrac{\cancel{6}^{1}}{\cancel{12}_{2}} = \dfrac{1}{2}$ （解答）

(2) 3の倍数になるものに○をつけていきます。

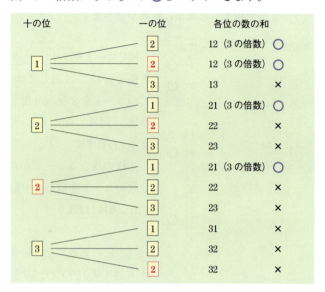

カードの出し方は全部で 12通り で、3の倍数になるのは 4通り 。

よって、3の倍数になる確率は

$$\frac{3の倍数になるのは何通り}{カードの出し方は全部で何通り} = \frac{4}{12} = \frac{1}{3}$$ （解答）

その2 文章問題

文章問題の攻略には「言葉」が大事！

先生、やっぱり文章問題が苦手です。どうしたら得意になれますか？

実は、文章問題の解き方は基本的に2つしかないよ。
　①未知の値を文字でおく
　②イコールで結び、連立方程式を解く
問題を解きながら慣れていこう。

例題 3

鉛筆とボールペンが計30本あります。ボールペンの本数を2倍すると鉛筆の本数と等しくなります。鉛筆とボールペンは、それぞれ何本ですか。

解説

❶　文字でおいたものは、その**計算前と計算後**を意識的に区別し、どちらを利用するのかもはっきりさせる。

この場合は、文字でおくのは**鉛筆の本数**と**ボールペンの本数**です。鉛筆を x 本、ボールペンを y 本とおきます。

「ボールペンの本数を2倍する」、と書いてありますので、計算が必要なのは y とおいたボールペンの本数です。
ボールペンの本数は、
計算前：y 本　➡　計算後（2倍）：$2y$ 本

❷　文字でのイコールの式をつくるのがわかりづらいときは、イコールをまずは**言葉**でつくり、それから式にする。

「鉛筆とボールペンが計30本」という記述を、図、言葉の式、そして文字の式にします。

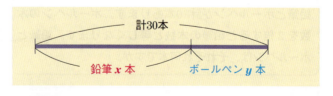

言葉の式　　　：**鉛筆の本数**＋**ボールペンの本数**＝30本
数字や文字の式：$x + y = 30$

「ボールペンの本数を2倍すると鉛筆の本数と等しい」の
計算後について
　　言葉の式　　　　：ボールペンの本数を2倍＝鉛筆の本数
　　数字や文字の式：$2y = x$

あとは、ここでつくった式を連立させて連立方程式
$$\begin{cases} x + y = 30 \cdots ① \\ 2y = x \quad \cdots ② \end{cases}$$
を解きます。

②より $x = \boxed{2y}$　←左右を総入れ替えをした

これを①に代入して

$\boxed{2y} + y = 30$

$\underset{1}{3}y = \underset{10}{30} \quad y = 10$

$y = 10$ を $x = 2y$ へ代入して

$x = 2y = 2 \times 10 = 20$

$x = 20, \quad y = 10$

鉛筆20本、ボールペン10本（解答）

🟡 大小関係から等式を作る！

文章題で、大きい、小さい、という表現からイコールを作るときに間違ってしまうことがあります。

表現だけに注目するのではなく、**どちらが大きいか、小さいか**を考え「現象」に注目するとイコールも作りやすくなります。基本的な**言葉からの等式の作り方**を知っておこう。

●大小関係から等式をつくる方法

（1）言葉による大小関係を判断する。
- A は B よりも C **大きい**。 ➡ **A は大きい！**
- A は B よりも C **小さい**。 ➡ **A は小さい！**

（2）次に大小関係を等式にする！
- **小さい数＋加えた数と大きい数をイコールで結ぶ。**
  大きい数＝小さい数＋加えた数（A＝B＋C）
- **大きい数－引いた数と小さい数をイコールで結ぶ。**
  小さい数＝大きい数－引いた数（A＝B－C）

なるほど、1度に式を作るのではなく、2段階で考えるのですね！ 問題がやりたくなってきました！

わかるとやる気も出てくるものだよね。では、挑戦してみよう！

例題 4

> 子供にお小遣いを 1 人あたり 400 円配ると 3000 円の予算が 200 円不足します。子供は何人いますか。

解説

文字の設定は、人数を x とおきます。配った金額は $400x$ 円になりますね。図をかき**言葉**でイコールの式をつくります。**不足**とはどういう状態かに注目して式をつくっていきましょう。

1人あたり400円配った結果＝3000円の予算が200円
不足している状態

今回は、予算「が」「不足」ということは、3000円の予算の方「が」少なく、配る合計金額の方が200円多いことになります。配る金額は $400x$ 円なので

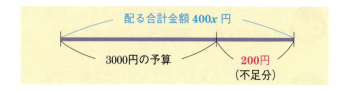

「配る合計金額」についてイコールの式をつくります。

$$400x(大きい数) = 3000(小さい数) + 200$$
$$400x = 3200$$
$$4x = 32$$
$$x = 8$$

8人（解答）

例題 5

出発予定の時刻から 100 分間歩く予定です。
(1) 出発予定の時刻の 5 分前に出発して、到着予定の時刻に着きました。歩いた時間は何分ですか。
(2) 出発予定の時刻に出発し到着予定の 5 分前に到着しました。歩いた時間は何分ですか。

解説

今回も**言葉**に注目ですね。「**前**」が使われているからといって、必ずしも式でマイナスになるわけではありません。

現象に注目して、確実に大小関係を捉えていきましょう。
文字は(1)(2)ともに歩いた時間を x 分とします。

(1)
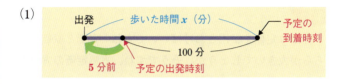

実際に歩いた時間は予定より 5 分多いですね。
x(歩いた時間) $= 100$(予定の時間) $+ 5 =$ **105〔分〕**（解答）

(2)

実際に歩いた時間は予定の時間より少ないです。
x(歩いた時間) $= 100$(予定の時間) $- 5 =$ **95〔分〕**（解答）

例題 6

500円の原価のものを100円の利益を見込んで定価をつけました。定価はいくらですか。

解説

今回は定価を x 円とおけばいいですね。定価と原価はどちらが大きいでしょうか。そうですね、当然**定価の方が大きい**です。

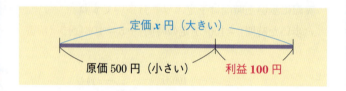

定価についてイコールの式をつくります。

　　定価(大きい) = 原価(小さい) + 利益

値を代入して、

　　定価 x 円(大きい) = 500(小さい) + 100

よって、$x =$ **600〔円〕**（解答）

割合は「倍数」と同じ

割合にもつい苦手意識があります。どうやったら得意になれますか？

割合も普段扱い慣れている「倍数」として理解していくと分かりやすくなるよ。公式も倍数の関係式から求められるんだ。

教えて下さい！

まずは、倍数の関係式から確認していこう。

❶ 倍数の関係式

B の C倍 は A である。（2 の 3 倍は 6 ）

> B（もとにする量）× C（倍数）＝ A（比べる量）　　…①
> 　　2　　　　　×　3　　　＝ 6

ここで、もとにする量、倍数、比べる量がどのような数か理解しましょう。次は割合の公式だね。倍数の関係式の「倍数」の部分を「割合」に変えるだけだよ。

❷ 割合の公式

割合の公式は、倍数の関係式の「倍数」の部分を「割合」に変えます。

B の**割合 C** は **A** である。（2 の $\frac{1}{2}$ は 1 である）

B（もとにする量）× C（割合）= A（比べる量）   …②

ここで「**割合＝～**」という形に変形します。

文字の式 **B × C = A** を使って **C** の係数を 1 にします。

B × C = A より、**C** $= \dfrac{A}{B}$

そして、再び言葉に直しましょう。

$$\text{割合} = \frac{\text{比べる量}}{\text{もとにする量}} \quad \cdots ③$$

割合の式ができました。①→②→③のように、式を変形できるようになりましょう。

はい！

用語がわかりづらいと思ったら、「比べる量」を「部分」、「もとにする量」を「全体」と捉えてみよう。わかりやすくなると思うよ。

● 割（歩合）、％（百分率）

割合の式は分かりましたが、「歩合（～割～分）」と「％」にはどうやって変換すればいいのですか？

「割合」は0〜1までの少数や分数で表すけれど、整数の方がわかりやすいので、日常生活では「割（歩合）」「％（百分率）」をよく使います。それぞれ割合の値を10倍、100倍すれば求められるんだ。

「割合」を中心に考えていけば、意外と簡単そうですね！

変換表を書いておいたから、それぞれの値を行ったり来たりできるようにしよう！

歩合⇄割合⇄％（百分率）の変換

	歩合	割合	％
1は10の	1割	$\frac{1}{10}=0.1$	10％
2は10の	2割	$\frac{2}{10}=0.2$	20％
15は20の	7.5割 （7割5分）	$\frac{15}{20}=0.75$	75％

例題をお願いします！

では、1は4の何割で、また何％になるのかな？

まず、割合にしてから、変換していけば良いのですよね。

1（比べる量）＝ 4（もとにする量）× x（割合） より

↙ x の係数を 1 に

$4x = 1$ ←左右を入れ替え　$x = \dfrac{1}{4} = 0.25$

ここから「**割（歩合）**」にしたいときには**10倍**、「**％（百分率）表示**」にしたいときには**100倍**します。

$0.25 \times 10 =$ **2.5〔割〕**（＝ **2 割 5 分**）

$0.25 \times 100 =$ **25〔％〕**

すごいね！　メキメキ成長しているね！

もっと褒めてください！！

～割（％）引き、～割（％）増し

次は、難しいと感じる人が多い、～割（％）引き、～割（％）増し、についてだね。

スーパーの特売や、バーゲンでお馴染みですけど、実はよく分かっていないです。

比べる量（部分）＝もとにする量（全体）×割合
の公式を使うのだけど、今度は、「割（歩合）」と
「％（百分率）」を「割合」変換して、代入する必
要があるね。

さっきは、割合から変換して、10倍、100倍だっ
たから、今度は逆に10で割ったり、100で割っ
たりすれば良いのですか？

そういうことだね！「～割」ならば $\frac{1}{10}$ を「～％」
ならば $\frac{1}{100}$ をかけよう。

割合＝～〔割〕×$\frac{1}{10}$　　割合＝～〔％〕×$\frac{1}{100}$

を求めて、**比べる量**＝ もとにする量 × 割合 に代入します。

さらに、「引き、増し」に対しては、「どこから」
を考えてみよう。

「もとの値から」ですか？

そうだね！　どんどん鋭くなっていくなあ。さあ、これで準備完了。問題にいこう。

例題 7

ある店では、仕入れ値の4割増しの定価をつけて花びんを3500円で売っています。この花びんの仕入れ値はいくらだったでしょうか。

解説

「仕入れ値」に注目すると、割合の公式の「もとにする量（全体）」に相当する言葉が今回は「仕入れ値」とわかります。

　言葉で式をつくってみましょう。4割増しは、もとにする量に、「4割分を加える」ということです。

　定価＝仕入れ値の4割増し＝仕入れ値＋仕入れ値の4割です。仕入れ値を x 円として

✓ 4割は $\frac{4}{10}$

$3500 = x$（仕入れ値）$\boxed{+ x \times \frac{4}{10}}$（仕入れ値の4割）

両辺に10をかけて整数の式にします。

$$35000 = 10x + 4x$$
$$14x = 35000 \quad \text{←左右を入れ替え}$$
$$x = \frac{35000}{14} = \frac{\overset{2500}{\cancel{35000}}}{\underset{1}{\cancel{14}}} = 2500 \quad 定価 \quad \textcolor{red}{2500 \text{ 円}（解答）}$$

例題 8

A店では定価3000円のものを60%引きし、さらにレジでその値段から30%引きで売っています。そしてB店では定価3000円の75%引きで売っています。同じ商品はどちらのお店で買った方が得でしょうか。

解説

実際の売値が安い方がお得になりますね。まず、どちらが得かを予想してみてください。果たして予想通りになるでしょうか。

A店では定価3000円の商品を**60%引き**し、商品をレジでさらに**30%引き**します

まず、3000円の60%引きを求めます。文字でおいてもよいのですが、言葉を使って計算していきます。

> 60%は割合で $\frac{60}{100}$

$$3000円の60\%引き = 3000(もとの量) - 3000 \times \frac{60}{100}$$
$$= 3000 - 1800 = 1200 〔円〕$$

そして、1200円からレジでさらに30%を引きます。

> 30%は割合で $\frac{30}{100}$

$$1200円の30\%引き = 1200(もとの量) - 1200 \times \frac{30}{100}$$
$$= 1200 - 360 = 840 〔円〕$$

よって、A店での売り値は840円です。

B店では定価の75%引きで売っています。 > 75%は割合で $\frac{75}{100}$

$$3000円の75\%引き = 3000(もとの量) - 3000 \times \frac{75}{100}$$
$$= 3000 - 2250 = 750 〔円〕$$

よって、B店での売り値は750円です

以上より、売り値はA店は840円、B店では750円なのでB店の方がお得とわかります！　最初の予想通りだったでしょうか。

B店が安く買うことができる（解答）

距離・時間・速さ

距離などの問題は、いくつもの値が出てきて混乱してしまいます・・・。

一度にいろいろなものを処理しすぎているのかな。3つのことに注目して、まずは基盤を作っていこう！

はい、お願いします！

まずは、①自分で公式をつくろう！　ということだね。わかりやすい式から変形していけば、自分でそれぞれの量を求める式をつくれるよ。

一番わかりやすいのは、距離＝**速さ**×**時間**の式です。

では、具体的に考えながら、公式を作ってみよう。

例 時速50 kmで2時間走ったら、100 km進みます。

$100 = 50 \times 2$ →公式化→ 距離 = 速さ × 時間

この式の左右を入れ替えて 速さ × 時間 = 距離 とし、ここから、次のように変形すると 速さ や 時間 を求める式がつくれます

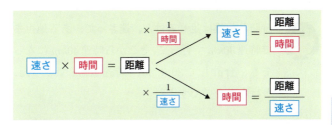

なるほど、こうしてみると、速さは距離を時間で割るのだから「速さとは1時間あたりに進む距離」ということも実感できました。

良い調子だね！では、次は②言葉を補って図を書いて考える、だよ。距離と時間は「どこからどこまで」を意識すると間違いが少なくなっていくよ。

問題を解くときには図を書いてみますね。3つ目は何ですか？

最後は足せるもの足せないものを区別する！　だね。速さと時間と距離ならばどれが足せる単位になるかな？

時間と距離は足せるけど、速さって、ある地点まで時速30kmで行って、そこから時速40kmになっても、合計して$30＋40＝$時速70kmでいった、とはならないですよね。

そういうこと。合計を考えられるのは「距離」と「時間」で、「速さ」のように「〜あたり」に関する単位となる「１個の値段」や「平均値」などは合計することはできないんだ。問題で確かめてみよう。

例題 9

太郎君はA地点をB地点に向かって出発し、時速3km で歩きました。次郎君はB地点をA地点に向かって出発し時速4kmで歩きました。2人は同時に出発し3時間後にC地点で出会ったとすると、A地点からB地点までの距離は何kmですか。

解説

図式化をする、全体と部分を区別する、言葉に直すことを実践します。まずはわかっていないものを言葉で書き入れて、どこを文字にしていくかを考えます。すべてを言葉で書きだすと次のようになります。

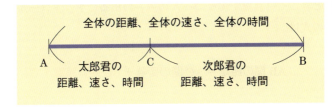

そして、わかっている数値を書き入れていくと次のようになります。

　文字をどこにおくか、イコールになるのかを考えます。わからない AB 間の距離、AC 間の距離、BC 間の距離をすべて x や y の文字でおくと煩雑になります。こういったときこそ「言葉でのイコールの式」の出番です。イコールの式は

AB 間の距離＝AC 間の距離＋BC 間の距離

となります。それぞれを代入して、
AB 間の距離＝3×3＋4×3＝9＋12＝21

21〔km〕（解答）

平均点も速さ・距離の考え方で

文章題も最後です。最後にふさわしい「**平均点**」の問題です。

平均点がいくつも出てくるとやっぱり分かりづらいです。

平均点の問題を、**全体の点数の和**→全体の距離、**人数**→時間、**平均点**→速さ、と対応させてみよう。距離の問題と同じように考えられるよ。こんなように、一見関係ない分野でも、共通点を見つけて利用できるようになろう。一段上の応用力がつくよ。

さっきの３つの注意点に気をつけながら問題を解いてみます！

例題 10

あるテストで、A組は人数が40人で平均点が35点、B組は人数が30人で平均点が70点のとき、A組とB組を合わせた平均点は何点でしょうか。

解説

平均だからといって、35点と70点の真ん中の52.5点になるわけではありません。平均点を求める式は

平均点 = 点数の合計 / 人数 です。

平均点とは**合計点を一人ひとり均等に配分したときの点数**ですので、

点数の合計＝平均点×人数です。「点数の合計＝〜」の式から変形して「平均点＝〜」の式をつくります。

「**何の**」平均点と人数なのかを区別することに注意します。かくべき図は距離の問題と変わりません。すべてを「**言葉**」で書きだすと、次のようになります。

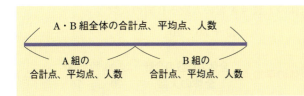

そして、わかっている数値を書いていくと次のようになります。

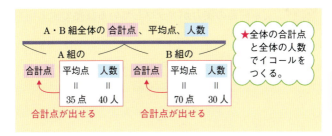

この図の全体の合計点と全体の人数から、全体の平均点が求められます。

全体の合計点＝A組の合計点＋B組の合計点
　　　　　　＝35×40＋70×30
　　　　　　＝1400＋2100＝3500〔点〕

全体の人数＝A組の人数＋B組の人数
　　　　　＝40＋30＝70

全体の平均点＝$\dfrac{\textbf{全体の点数の合計}}{\textbf{全体の人数}}$＝$\dfrac{3500}{70}$＝$\dfrac{\overset{50}{\cancel{3500}}}{\underset{1}{\cancel{70}}}$＝50〔点〕

となります。　　　　　　　　　**平均点は50点**（解答）

いかがでしょうか。「なるほどな」と思えたら、文章問題の実力がアップしている証拠です！

第 8 章

平面図形の基礎
合同と相似

- その1 平面図形の基礎
- その2 三角形の合同
- その3 三角形の相似

その1 平面図形の基礎

対称には2つある──線対称、点対称──

「図形」の問題は、方程式などとはちょっと違った頭の使い方が必要です。それぞれの図形の基本的性質を言葉で確認しながらみていきましょう。

お願いします！

まずは対称だよ。対称な図形には「線対称」と「点対称」の2種類あります。

線対称と点対称って、どう違うんですか？

直線ℓを折り目として折り返した時に、両側がぴったり重なる平面図形を「線対称な図形」といい、折り目の直線のことを「対称軸」といいます。

折り目の直線で折って図形を書いていくのですか？

対称軸に垂直で、長さが2等分される線分をどんどん引き、線分の端を結んでできあがり。

なるほど！

次は、点対称だね。点Oを中心として180°回して、元の図形とぴったり重なれば、「点対称の図形」です。点Oは「対称の中心」といいます。

点対称の図形の書き方はどうすれば良いのですか？

対称の中心が二等分する点、つまり中点となる線分を引き、線分の両端の点を結んでいきます。

わかりました！　どうしたら線対称、点対称と判別できますか？

線対称は対称軸、点対称は対称の中心の候補を挙げて、かき方と同じように、幾つかの点で条件を満たしているかを調べます。問題で確かめよう！

●線対称な図形のかき方

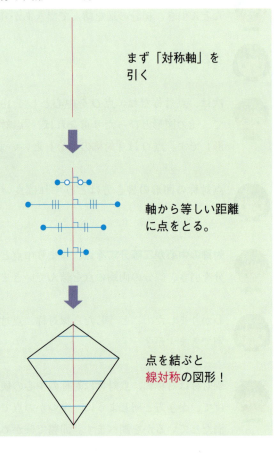

まず「対称軸」を引く

軸から等しい距離に点をとる。

点を結ぶと線対称の図形!

● 点対称な図形のかき方

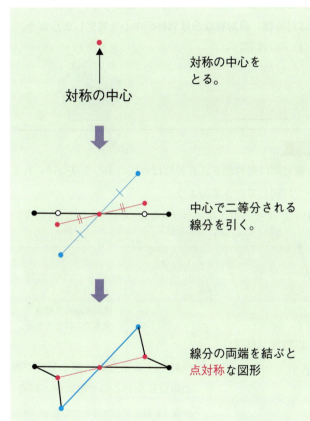

対称の中心をとる。

中心で二等分される線分を引く。

線分の両端を結ぶと**点対称**な図形

例題 1

次の図形は、線対称、点対称でしょうか。線対称ならば対称軸、点対称ならば対称の中心を発見しましょう。

(1) 平行四辺形　　　(2) 正五角形

解説

線対称は対称軸を、点対称は対称の中心を見つけられるかで判別していきましょう。

(1)
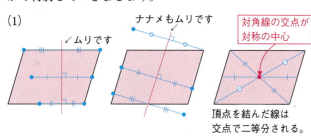

点対称（解答）

(2)
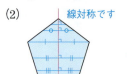

対応する頂点を結ぶと全てが軸と垂直に交わるので**線対称（解答）**

★頂点を結んでも点対称の中心がつくれないので点対称ではありません。

平行線と角

平行線と角度の関係にはいくつか用語があるから、ひとつずつ確認していこう。

まずは、**対頂角**。直線2本が交わると、4つの角ができるね。その時に相向いとなる角のことを「対頂角」と言い、**対頂角どうしは必ず等しい**。1つの角度がわかると、4つ全ての角がわかるんだ。

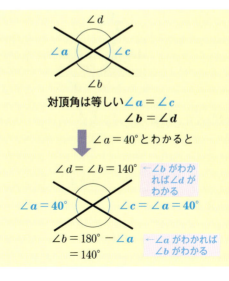

次は、同位角と錯角をお願いします。

どうやら、用語は知っているようだね。2つの直線にもう1つの直線が交わると交差点のような場所が2つできるね。

平行線ではないとき…同位角も錯角も等しくない。

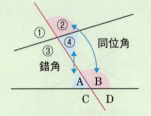

平行線のとき…同位角も錯角も等しい。

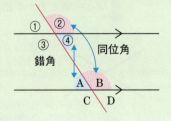

その2つの交差点のようなところで、同じ位置関係の角を「**同位角**」、図の④とAのような位置関係の角が「**錯角**」だね。

なるほど、平行線じゃなければ、同位角も錯角も等しくないのですね。

そう、逆に同位角や錯角が等しければ、2つの直線が平行だということが言えるよ。平行線を使っている問題で確認していこう！

例題 2

次の 2 つの直線の ℓ と m は平行になっています。

(1) ① ∠a と同位角、錯角の関係にある角はどれですか？

② ∠b と大きさが同じ角を全て答えましょう。

(2) 補助線をうまく引いて ∠x が何度かを求めましょう。

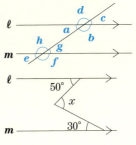

> **解説**

同位角、錯角の位置と関係をしっかりと理解しましょう。

(1) ① 同位角：2つの交差点で同じ位置にある角です。
　　　錯角　：2つの交差点で同位角の対頂角となる角です。

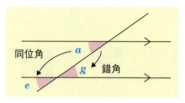

同位角＝∠e
錯　角＝∠g （解答）

② 平行線では、同位角と錯角が等しくなります。そして、対頂角が等しいこともお忘れなく。

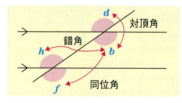

∠bと同じ角度：∠d, ∠f, ∠h （解答）

(2) うまく補助線を利用して解きます。補助線にも引き方のコツがありますので基本的な引き方から習得していきましょう。

1. 元の平行線と平行な補助線を頂点のところに引く。
2. 同じ大きさの角（対頂角、平行線の同位角と錯角）を見つけて、図に角度を書き込んでいく。

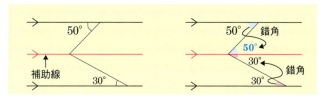

よって、$x° = 50° + 30° = 80°$ （解答）

三角形の基本知識と多角形への応用！

先生、三角形の内角の和はなぜ180°なんですか。あと、外角に気付きづらいです。

内角の和はいくつか考え方があるけど、錯角の考え方を学んだから、錯角を使って説明しよう。外角は、三角形の外側の角を見つけたら、その隣の内角ではない2つの角に注目するといいよ。

三角形の内角と外角の性質

❶ 三角形の内角（内側の角）の和＝180°

平行線を補助線として考えると成立していることがわかる。

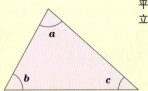

$\angle a + \angle b + \angle c = 180°$

2つの内角がわかれば、あと1つの内角もわかる。

❷ 三角形の外角（辺を延長すると現れる内角の隣の角）は他の2つの内角の和に等しい。

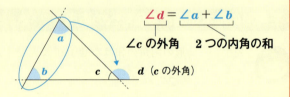

$\underline{\angle d} = \underline{\angle a + \angle b}$

∠cの外角　　2つの内角の和

★この式は $\angle a + \angle b + \angle c = 180°$（三角形の内角の和）と $\angle d + \angle c = 180°$（直線の角）から求められます。

わかりました！外角は、同じ角が隣にないから気付きづらかったのか。それが分かっていれば、自分でも使えそうです！

では、問題にいこう。外角が省エネの技術になる、ということを実感してもらえると思うよ。

例題 3

(1) x を求めましょう。
(2) x を利用して y を求めましょう。
(3) x を利用せずに y を求めましょう。

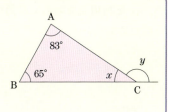

解説

(3) は**外角＝他の2つの内角の和**を利用する方が簡単な計算になります。

(1) 三角形の内角の和 ＝ 180° より
  $83° + 65° + x = 180°$

∠83° + 65°を移項して計算した

$x = 180° - 83° - 65° = $ **32°** （解答）

(2)「直線の角度は180°」に注目してxを利用します。

∠直線の角度＝180°

$32° + y = 180°$
$y = 180° - 32°$
$\quad = $ **148°** （解答）

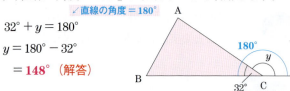

(3) （xを利用しないので**外角＝他の2つの内角の和**を利用します。）

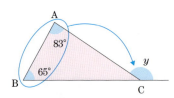

yは∠Cの**外角**。∠Cの外角＝∠A＋∠Bなので、

$y = 83° + 65°$

∠Cの外角　　他の2つの内角の和

$\quad = $ **148°** （解答）

● 多角形の内角の和、外角の和

三角形の内角の和は180°だったけど、四角形の内角はいくつかな？

え〜っと、三角形を2つ作れるから、180°×2で360°だと思います。

じゃあ、六角形はどうかな？

えーっと、4つだから720°です！

つまり、**n 角形では（$n-2$）個の三角形に分けられる**、という規則性があることがわかるね。**$(n-2)×180°$** で内角の和がわかるんだ。

名前	四角形	五角形
図形		
三角形の数	2個（4−2）	3個（5−2）
内角の和	180°×2＝360°	180°×3＝540°

次は外角だよ。**多角形の外角の和は全て360°**になるんだ。これはそのまま暗記してしまいましょう。

その2 三角形の合同

◯ 三角形の合同条件

2つの図形が合同とはどういうことかわかるかな？

重ねるとピッタリ合う、全く同じ形をした図形、だと思います。

そうそう。できるじゃないか。

合同の記号はイコールに似た「≡」の記号を使いますが、2つの三角形を合同と言いたいとき、すべての辺の長さと、角が等しいことを調べればいいのですか。

全部の辺と角が同じならば、もちろん合同と言えるけど、実は条件がもっと少なくても合同と言えるんだ。表にしたから、ちょっと見てみよう。

3つの合同条件

合同条件	辺の数	角の数
❶ 3組の辺がそれぞれ等しい。	3	0
❷ 2組の辺とそのはさむ角がそれぞれ等しい。	2	1
❸ 1組の辺とその両端の角が等しい。	1	2

辺の数と、角の数の条件が少なくなっていますね。ん、辺の数と角の数の合計が「3つ」になっていませんか？

すごいね！そういったところに気づけると、楽に覚えられるし、思い出せるようになるよね。次は、1つずつ条件を確認していくよ。

なぜ、合同になるか、ということですね。

そう、そして、合同の条件とは、言い方を変えると、その条件で三角形をかくと必ず1つの形に決まり、別の三角形をかくことができない、とも言えるんだ。それぞれの条件で三角形が1つに決まっていく様子をよく見ていてね。

❶ 3組の辺がそれぞれ等しい。

　2 cm, 3 cm, 4 cmを3辺とする三角形を考えます。底辺を4 cmとして、両端から半径2 cmと半径3 cmの円（円は中心からの長さが全て同じ）をかいてみると三角形は1つの形しかつくれません。**三角形が1つに決まる**ことがわかります。

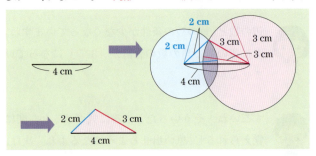

❷ 2組の辺とそのはさむ角が等しい。

　2つの辺が2 cmと4 cmで、その間の角が30°の図形をかいてみます。**三角形が1つ**に決まりますね。

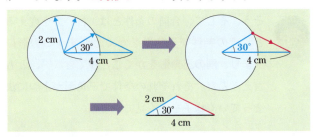

❸ **1組の辺とその両端の角が等しい。**

1つの辺が3cmで両端の角が30°と45°の図形をかいてみます。これも三角形が1つに決まります。

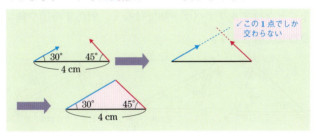

例題 4

合同な三角形を記号「≡」を用いて表しましょう。
また、そのときの合同条件もいいましょう。

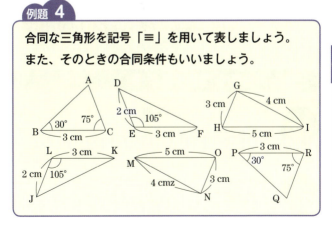

解説

三角形に対応する点を他の三角形で1つずつ見つけていくと合同な三角形が楽に発見できます。「≡」で図形をつなぐときはアルファベット順ではなく、**対応する辺や角に合わせて書きます**。

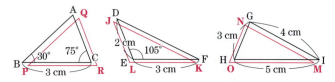

△ABC ≡ △QPR （1組の辺とその両端の角が等しい）

△DEF ≡ △JLK （2組の辺とそのはさむ角が等しい）

△GHI ≡ △NOM （3組の辺がそれぞれ等しい）（解答）

三角形の合同を証明する手順

どうしても、合同の証明が苦手です。何をしていいのかが分からなくなります。

証明は食わず嫌いな人が多い分野だね。**筋道を立てて説明**していく力は、数学だけではなく、日常生活でも役立つから、積極的に挑戦していこう。

それなら、先生、とっておきのコツを教えてください。

お、やる気になってきたね。まず、確認しておくのは、「〜のとき、…を証明しなさい。」と言われたら、「〜」を**仮定**、「…」を**結論**ということだね。

それは大丈夫です。では、次をお願いします！

下に手順をまとめておいたよ。この通りにやっていけば、必ずできるよ。

三角形の合同を証明する手順

(1) 仮定と結論を含む三角形から証明すべき三角形を見つけて、それをいう（問題に書いてあればこの手順は省略）。
(2) 仮定で合同条件に含まれているものがあればいう。
(3) 使う合同条件を決めて、示すべき辺や角以外で、**合計3つ**分の同じ辺の長さと角度の大きさを見つける。
(4) 合同条件をいい、合同な三角形を示す。対応する辺の長さ、角は等しいことから証明すべき結論をいう

たったこれだけだよ。最大のポイントは手順（1）だね。できるだけわかっている条件の多い三角形に注目していこう。

例 右図で AB ＝ DC,
AC ＝ DB ならば、∠ACB ＝
∠DBC であることを証明し
てください。

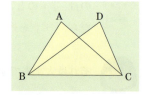

まず、三角形に仮定と結論を書き入れてみます。すると、証明すべき三角形は△ABC と △DCB のようです。

仮定：AB ＝ DC,
　　　AC ＝ DB
結論：∠ACB ＝ ∠DBC

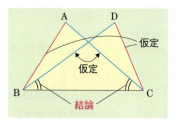

ABC ≡ △DCB が示せれば、「対応する角が等しいので、∠ACB ＝∠DBC といえる」という流れで証明できそうです。解答を書いていきます。

△ABC ≡ △DCB を証明する（**手順(1)**）。
△ABC と △DCB において仮定より、**AB＝DC, AC＝DB**　　　　　　　　　　　　　　（**手順(2)**）

次に**手順(3)** の使うべき合同条件を決めます。わかっている条件から使える可能性のある合同条件をチェックして、絞りこみます。

仮定で AB＝DC, AC＝DB とあり、**2辺が等しい**ので、ここから可能性のある合同条件をすべてあげると、次の2つです。

● **2組の辺とそのはさむ角が等しい（2辺＋1角）**

∠BAC＝∠CDB は成立するかわかっていません。

● **3組の辺がそれぞれ等しい（2辺＋1辺）**

辺 BC と辺 CB は、共通する辺なので、もちろん長さも等しいです。

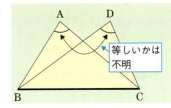

等しいかは不明

これで適用する合同条件を絞って確定することができました！　この絞り込む感覚をぜひ身につけましょう！　思

考過程は解答には書かれることはないのですが、ものすごく大事なことなのです！　解答に続きを加えます。

> また、共通な辺だから BC＝CB

そして、**手順(4)** の合同条件と合同な三角形を示し、そこから導かれる結論をいいます。

> よって、3組の辺がそれぞれ等しいので、△ABC≡△DCB
> 合同な三角形の対応する角は等しいので、∠ACB＝∠DBC

全てをまとめた解答は次のようになります。

> [解答] △ABC≡△DCB を証明する。
> △ABC と △DCB において仮定より AB＝DC，AC＝DB
> また、共通な辺だから BC＝CB
> よって、3組の辺がそれぞれ等しいので、△ABC≡△DCB
> 合同な三角形の対応する角は等しいので、∠ACB＝∠DBC

思考過程にはいろいろありましたが、解答にすると、意外にあっさりですね。

その3 三角形の相似

● 拡大と縮小のイメージ！　相似な図形

合同の次は、相似な図形のことを知りたいです。

相似とは、拡大したり、縮小したりするとぴったり重なって合同な図形となるものだよ。相互に似ているので、相似と言うんだね。記号は「∽」を使うよ。

拡大コピーされた図形と元の図形は相似と言えそうですね。

そういうことだね。次の図を見てみよう。

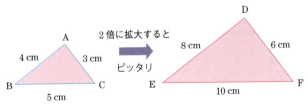

この図で、DE = 2AB、EF = 2BC、FD = 2CA が成立するから、2倍に拡大したと言えるね。つまり**相似な図形**になり**△ ABC ∽ △ DEF** と言えるんだ。

そして、AB：DE など、対応する辺の長さの比を**相似比**と言うんだ。この場合ならば、△ ABC と△ DEF の相似比は **1：2** となるね。相似な図形は対応する辺の長さの比は全て相似比に等しくなるから、この場合はどうなるかな？

はい、AB：DE ＝ BC：EF ＝ CA：FD ＝ 1：2 になります！

素晴らしい、よくできているよ！

三角形の相似条件

相似な三角形にも合同の時のように条件があるのでしょうか？

鋭い質問だね。合同の時の表と対応させて考えてみよう。

3つの相似条件

	相似条件	辺の数	角の数
❶	3組の辺の比が等しい。	3	0
❷	2組の辺の比と、そのはさむ角が等しい。	2	1
❸	2組の角がそれぞれ等しい。	必要なし	2

 ❶と❷は三角形の合同条件の「辺」が「辺の比」に変化しているだけですね。❸の辺について「必要なし」というのはどういうことなのですか？

 それは、**どんな長さでもOK**、ということだよ。1つの辺がどんな長さでも、両端の角を同じにすれば、必ず相似な三角形になるので「辺の比は考えなくて良い」ということだね。

 なるほどです。

217

❸で等しい2つの角を見つけるときは、内角の和180°を使って、3つの角を全て求めておくと、対応する角を見つけるときに見落としがなくなっていくよ。

わかりました！　辺の比を調べるときのコツはありますか？

対応する辺の比を、それぞれ簡単な整数比にすることだね。比の性質の「同じ数でわったりかけたりしても同じ」という性質を利用しよう。

例

✓両方の数を2で割っても同じ

$2:4 = 2÷2:4÷2 = 1:2$

✓両方の数に×5をした

$0.4:0.2 = 0.4×5:0.2×5 = 2:1$

などです。

図でも確認してみよう。

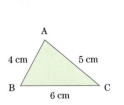

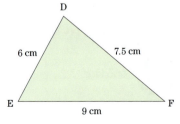

それぞれの対応する比を簡単な整数比にする。
AB：DE ＝4：6＝4÷2：6÷2＝2：3
BC：EF ＝6：9＝6÷3：9÷3＝2：3
CA：FD ＝5：7.5＝5÷2.5：7.5÷2.5＝2：3
よって、AB：DE ＝ BC：EF ＝ CA：FD ＝2：3

これで、三角形の相似を証明するための道具がそろったね。手順は「三角形の合同を証明する手順」と同じだよ。「合同条件」の部分を「相似条件」に差し替えて利用しよう。

相似な図形を見つけるのは難しいです…

手順通りにやれば、ちゃんと見つかるし、難しいだけに発見できたときの喜びも大きいはずだよ。さあ、気を取り直して問題に挑戦だ！

はい!!

例題 5

右の図の三角形ABCで、DはBD＝7.5 cmとなる点である。

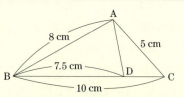

(1) ①〜⑤の（ ）を埋めたり、言葉を選んだりしながら相似となる2つの三角形を見つけてください。

図の中で、三角形は△ABCと△ABDと△ADCの3つある。この中でたがいに3組の辺の長さの比が等しいとわかっている三角形が2つ①（ある・ない）。

辺だけでは相似である三角形は見つけられないので角度に注目する。

三角形の中で共通する角度をもつものが2組ある。△ABCと△ABDでは∠ABCと∠ABD。△ABCと△ADCでは∠（ ② ）と∠DCA。

辺の比を考えてみる。

その前に、求められる辺の長さを求めておきたいので、まずDC＝（ ③ ）cmである。

△ABCと△ABDで∠ABC（∠ABD）をはさむ辺の長さの比を考える。

　長い辺の組　BC：BA＝**10：8**＝5：4
　　　　　　　↑　　↑
　　　　　　△ABC　△ABD

　短い辺の組　BA：BD＝**8：7.5**
　　　　　　　↑　　↑
　　　　　　△ABC　△ABD

　よって、**2組の辺の比が等しくないので、**△ABCと△ABDは相似で④（ある・ない）とわかる。

　△ABCと△ADCでも∠BCAをはさむ2組の辺の長さの比を考える。

　長い辺の組　BC：AC＝10：5＝**2：1**
　　　　　　　↑　　↑
　　　　　　△ABC　△ADC

　短い辺の組　AC：DC＝5：2.5＝**2：1**
　　　　　　　↑　　↑
　　　　　　△ABC　△ADC

2組の辺の比が等しく、そのはさむ角も等しいので、△ABCと△ADCは相似で⑤（ある・ない）**とわかる。**

(2) (1)でわかった２つの三角形が相似であることを次の①〜⑤の空欄を埋めて証明してください。

△ABC∽△(　①　)を証明する。
共通する角だから∠BCA＝∠(　②　)

　また△ABCと△DACにおいてBC：AC＝10：5
＝(　③　)：(　④　)
DC＝BC－BD＝10－7.5＝2.5であるので、
AC：DC＝5：2.5＝2：1
よって、「⑤（相似条件を入れる）」ので△ABC
∽△DAC

解説

相似な三角形は、辺の比はもちろんなのですが「**同じ角度**」を見つけていくことがポイントになることが多いです。

(1) ① ない　　② BCA　　③ 2.5　　④ ない
　　⑤ ある

(2) ① DAC　　② ACD　　③ 2　　④ 1
　　⑤ ２組の辺の比とそのはさむ角が等しい。（解答）

222

第 9 章

いろいろな平面図形

- その1 三角形と四角形
- その2 平行線が作る相似な三角形
- その3 円の円周角と中心角

その1 三角形と四角形

🟡 直角三角形

直角三角形は、三角定規でもお馴染みですね。まずは、ピタゴラスの**「三平方の定理」**です。

そうでした。三平方というと、平方、つまり二乗のものが3つある、ということでしょうか？

そういうこと！　直角三角形は、ポイントが凝縮している三角形だから**「直角三角形を制するものは三角形を制す」**ということにもなるよ。

「三平方の定理」

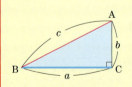

直角三角形の直角をはさむ2辺の長さを、a, b, 斜辺の長さを c とすると

$$a^2 + b^2 = c^2$$

★ $a^2 + b^2 = c^2$ が成立していれば、その三角形は、**長さ c の辺を斜辺とする「直角三角形」**ともいえます。

問題で3辺の長さが与えられたら三平方の定理を試してみよう。成立していれば、自信を持って、直角三角形をかいてあげよう。

例えばどんなときですか？

「$a=4$, $b=3$, $c=5$ の三角形」を図示してみてください、と言われたとしよう。初めは、適当に三角形を書いてしまうかもしれないけれど、$4^2+3^2=5^2$ より三平方の定理が成立するから、こんなふうになるよ。

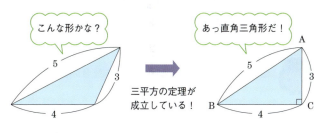

2つの三角定規の2つの直角三角形

 三角定規の直角三角形には、何か特別な意味があるのですか？

 それぞれが、**正三角形を半分**、**正方形を半分**にした図形で、角度がわかっている、これに加えて辺の比が決まっている、という特徴があります。

 それは知りませんでした。ぜひ、詳しく教えてください。

 まずは、❶$1:2:\sqrt{3}$ の直角三角形だ。斜辺はどこになるかな。

 2は$\sqrt{3}$（≒1.73）より長いので、2の辺ですか？

そう、その辺が斜辺になるよ。そして、確かに三平方の定理 $1^2+(\sqrt{3})^2=2^2$ が成立しています。

角度は ∠ABC = 60°
∠CAB = 30° となる
のだったね。

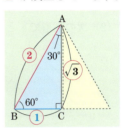

次は、❷ $1:1:\sqrt{2}$ の直角三角形だ。この三角形は、**直角二等辺三角形**だね。今回の斜辺は？

$\sqrt{2}$（≒1.41）が1番長いので斜辺です！ $1^2+1^2=(\sqrt{2})^2$ なので、三平方の定理が成立しています。

その通り、そして、角度は ∠ABC = ∠CAB = 45°になるね。理解できたら、問題に挑戦しよう。

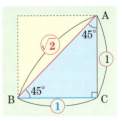

第9章 いろいろな平面図形

例題 1

(1) 次の長さを3辺とする三角形は、直角三角形ですか。
① 1 cm, $\sqrt{2}$ cm, $\sqrt{3}$ cm   ② 2 cm, 3 cm, 4 cm
(2) 次の図形でxとyを求めましょう。

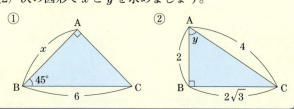

解説

「三平方の定理」は、一番長い辺(斜辺)に注目して、$a^2+b^2=c^2$が成立すれば直角三角形です。また三角定規になっている2つの直角三角形は、辺の比と角度をしっかりと覚えておきましょう。

(1) ①　$\sqrt{3} ≒ 1.73$が一番長い

　　$1^2+(\sqrt{2})^2=(\sqrt{3})^2$ が成立すれば直角三角形。
　　$1+2=3$ が成立するので**直角三角形である。**　(解答)

②　4が一番長い

　　$2^2+3^2=4^2$ が成立すれば直角三角形。$4+9=16$
　　は成立しないので、**直角三角形ではない。**　(解答)

(2) 三平方の定理で解こうとしても、わかっている辺の数が足りません。でも特殊な直角三角形、つまり三角定規の直角三角形なので、それを活用していきます。

① 直角三角形の1つの内角が45°より「三角定規の直角三角形」です。
AB：BC＝1：$\sqrt{2}$ より、
1：$\sqrt{2}$＝x：6

✓外項の積＝内項の積を求め、左右を入れ替えた

$\sqrt{2}\,x=6$ となるから

✓分母の有理化

$x=\dfrac{6}{\sqrt{2}}=\dfrac{6}{\sqrt{2}}\times\dfrac{\sqrt{2}}{\sqrt{2}}=\dfrac{3\,\cancel{6}\sqrt{2}}{1\,\cancel{2}}=\mathbf{3\sqrt{2}}$ （解答）

② 辺の比に注目します。
AB：AC：BC＝2：4：$2\sqrt{3}$
　　　　　　　✓÷2
　　　　　＝1：2：$\sqrt{3}$

なので、三角定規の直角三角形です。

3つの角は30°、60°、90°となり、y は直角以外の大きい方の角だから、$\boldsymbol{y=60°}$ （解答）

第9章　いろいろな平面図形

二等辺三角形

二等辺三角形って、**二つの辺の長さが同じ**、ということ以外に大事なことってありますか？

もちろん、他にも角度、そして**「中線と垂線が一致する」**という性質があるよ。

中線って何ですか？

では、ちょっと確認しておこう。

ちょっと確認！　三角形の中線と垂線

中線：底辺の中点と頂点を結んだ線

垂線：頂点から底辺に垂直に下ろした線

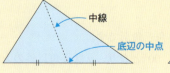

わかったかな？　では、二等辺三角形の性質を見てみよう。

二等辺三角形の基本的性質（中線と垂線が一致！）

二等辺三角形ならば、中線と垂線が一致する。つまり

❶ 頂点と、底辺の中点を結ぶ。
　　➡ **垂直に交わる。**

❷ 頂点から、底辺へ垂線を引く。
　　➡ **底辺が半分に分けられる。**

この「中線（＝垂線）」はとても大事な補助線となります。

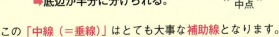

二等辺三角形を補助線で分けた直角三角形

 「中線が補助線になる」とはどういうことですか？

 二等辺三角形に中線（＝垂線）を引いて2つの三角形に分けると、合同な2つの直角三角形ができるんだ。対応する辺や角に注目することで、いろいろなことがわかるんだよ。

辺の長さに関して

① **AB = AC**　　✓二等辺だから

② **BM = CM**　　✓M は BC の中点

③ $BM^2 + AM^2 = AB^2$　✓三平方の定理
　 $CM^2 + AM^2 = AC^2$

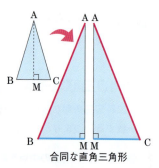
合同な直角三角形

角度に関して

① **∠B = ∠C**（それぞれ「底角」という）

② ∠AMB = ∠AMC = 90°

③ **∠BAM = ∠CAM**

★∠BAC を「頂角」といいます。

二等辺三角形って、情報が盛りだくさんなのですね！

注目点は、等しい2辺と底角だね。さらに、二等辺三角形ということを証明する時にも、この補助線は役立つよ。何を証明したら良いのかというと

●二等辺三角形であることを証明したい場合
① 三角形の2辺が等しい。
② 三角形の内角の2つの角度が等しい。

問題で確認させてください！

では、ちょっと複雑な問題に挑戦だ！ 頑張っていこう。

例題 2

右図の △ABC は、∠A＝36°、AB＝AC の二等辺三角形です。CD＝CB となるように、辺 AB 上に点 D をとります。

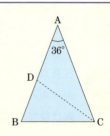

(1) ∠CDA, ∠DCB の大きさを次の①〜⑥の空欄を埋めながら求めましょう。

　　△ABC が二等辺三角形より∠ABC＝∠（　①　）

この角度を x とすると △ABC の内角の和より

　　$36° + 2x = 180°$　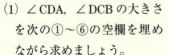

　　$2x = 180° - 36°$

よって $x =$（　②　）°

　　△CDB は、条件 CD＝CB より二等辺三角形。
　　　　　　　　底角は等しい、を使った

よって∠CBD＝∠（　③　）より、∠CBD＝∠CDB＝72°

また、直線の角度は180°より

　　∠CDA ＋ ∠CDB ＝（　④　）°

よって∠CDA＝180°－∠CDB＝180°－72°＝（　⑤　）°

次に、△CDB の内角の和に注目して∠DCB は

∠CBD＋∠CDB＋∠DCB＝180°

よって、∠DCB＝180°－72°－72°＝（　⑥　）°

(2) BC＝5cm のとき、AD の長さを求めます。①〜⑥の空欄を埋めていって、注目するところを確認しながら求めていきましょう。

∠DCA を求める。∠ACB＝∠DCA＋∠DCB＝（　①　）°

∠DCA＝72°－∠DCB＝72°－（　②　）°

すると、∠DCA＝∠DAC＝（　③　）°なので、△ADC は（　④　）三角形である。二等辺三角形の底角に対する2辺は等しいから DC＝（　⑤　）となる。

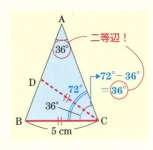

また、はじめの条件の CD＝CB より、CB＝CD＝AD＝（　⑥　）cm となる。

第9章 いろいろな平面図形

235

解説

「二等辺三角形」の性質をフル活用します。角度は計算するか、もしくは三角形の性質を使って求めていきましょう。

(1) ∠CDAはいきなりは求められそうにありません。二等辺三角形の性質である「2つの内角が等しい」をまずは使い、その結果わかる角度を増やしていき、∠CDAに最終的にたどり着きます。

(2) ADの長さに関しては、図を見てDC＝ADと見当をつけることができそうです。しかし、辺の長さが同じ理由がすぐには見当たりません。このようなときは、視点を変えて、角度に注目し、底角が同じ➡二等辺三角形➡辺の長さが「同じ」、と考えてみましょう。

(1) ① **ACB**　② **72**　③ **CDB**　④ **180**
　　⑤ **108**　⑥ **36**

(2) ① **72**　② **36**　③ **36**
　　④ **二等辺**　⑤ **AD（DA）**　⑥ **5（解答）**

正三角形

正三角形は、とてもきれいな形ですね。

そうだね、3辺が等しいので、当然二等辺三角形の性質も持ち合わせているよ。まずは正三角形の性質の確認をしよう。

正三角形の辺と角

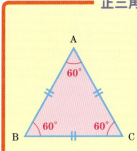

❶ 全ての辺の長さが等しい。
AB = BC = CA

❷ 全ての角度が等しく60°

★逆に①か、内角の1つが60°の二等辺三角形ならば正三角形といえます

第9章 いろいろな平面図形

正三角形も補助線は中線ですか？

 そうだね。具体的に一辺の長さが2の正三角形を考えてみよう。**合同な2つの直角三角形がでてくる**のだったね。

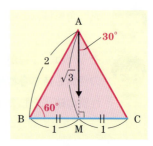

 △ABM ≡ △ACM で、三角定規の直角三角形と同じになるから、角度は30°と60°です。辺の比は $1:2:\sqrt{3}$ なので、BM：AB：AM ＝ CM：AC：AM ＝ $1:2:\sqrt{3}$ で、三平方の定理が成立します。

 私の出番がなくなってしまったようだね。では、問題に挑戦だ！

例題 3

1辺の長さが4の正三角形の面積を次のようにして求めます。

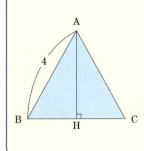

(1) 三角形の高さを求めるためにBCに垂直な補助線AHを引きました。BHの長さを求めましょう。

(2) AHの長さを三平方の定理を用いて求め、さらに△ABCの面積を求めましょう。

解説

二等辺三角形、正三角形の補助線は頂点から底辺に向けた垂線を引くとうまくいく場合が多いです！ その際に底辺が二等分されることにも注目です。

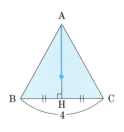

(1) 点Aから辺BCへ**垂線を引き**、交点をHとおくと**底辺は二等分**されるから、

$$BH = \frac{1}{2}BC = \frac{1}{2} \times 4 = 2 \text{（解答）}$$

(2) △ABHで三平方の定理より

> $1:2:\sqrt{3}$ の辺の比より、求めることもできます。

$$BH^2 + AH^2 = AB^2$$
$$2^2 + AH^2 = 4^2 \quad \text{← BHとAHに数値代入}$$
$$AH^2 = 4^2 - 2^2 = 16 - 4 = 12$$
$$AH = \pm\sqrt{12}$$
$$= \pm\sqrt{2^2 \times 3} = \pm 2\sqrt{3}$$

AH > 0 より　AH = $2\sqrt{3}$ （解答）

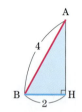

$$\triangle ABC = \frac{1}{2} \times BC \times AH = \frac{1}{\underset{1}{2}} \times 4 \times \underset{}{\overset{1}{2}}\sqrt{3} = 4\sqrt{3} \text{（解答）}$$

平行四辺形、ひし形、長方形

平行四辺形は、平行が現れるので「同位角」「錯角」がたくさん現れるよ。同じ角の大きさに加えて、同じ長さの辺にも注目していこう。

平行四辺形の辺の長さと角

❶ 向かい合う辺は平行で長さが等しい。
AB ∥ DC, AD ∥ BC
AB = DC, AD = BC

❷ 向かい合う角は等しい。
∠ABC(●) = ∠CDA(●)
∠DAB(●) = ∠BCD(●)

❸ 隣の角との和 = 180°
∠ABC(●) + ∠DAB(●) = 180°
∠CDA(●) + ∠BCD(●) = 180°

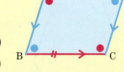

 平行四辺形には補助線はないのですか？

 「対角線」が補助線になるよ。辺の長さと角度に注目してまとめておこう。

❶ 2本の対角線がそれぞれの中点で交わる。
MA = MC　　MB = MD

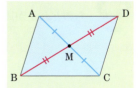

❷ 同じ大きさの角度は、平行線の錯角を活用

ゼット型、エヌ型を意識すると、わかりやすくなります。

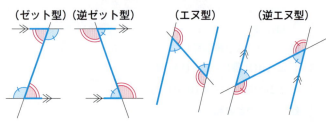

これらを平行四辺形にあてはめると

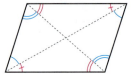

同じ印が同じ角度です。

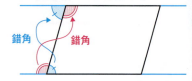

外角も錯角で一気にわかります。

平行四辺形であることを証明したいときは次のうちのどれかが成立していれば大丈夫です。

① 2組の向かい合う辺が平行である。
② 2組の向かい合う辺の長さが等しい。
③ 1組の向かい合う辺が平行で、長さが等しい。
④ 2組の向かい合う角の大きさがそれぞれ等しい。
⑤ 2本の対角線がそれぞれの中点で交わる。

ひし形、長方形

ひし形や長方形は平行四辺形なのですか？

平行四辺形の特別な性質を持っているものだね。
図にしてみると次のようになるよ。

ひし形：全ての辺の長さが等しい平行四辺形

★または対角線が、垂直に交わる平行四辺形。

長方形：内角が全て90°の平行四辺形

そうすると、正方形は、ひし形と長方形の性質を両方持った図形なのですね。

そういうこと。ここでひし形を対角線で分割することを考えてみよう。**4つの合同な直角三角形**ができるんだ。

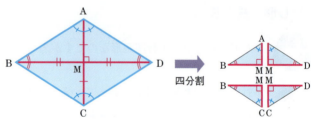

★逆に対角線が垂直に交わる平行四辺形は「ひし形」といえます。

なるほど。補助線を引くことで、こんなこともわかってくるのですね。

補助線は、**自分の知っている図形を作り出すために引く**、とも言えそうだね。では、問題で理解を深めていこう！

例題 **4**

右の図は平行四辺形 ABCD です。点 O は対角線の交点です。

(1) ∠BAO の大きさを求めましょう。

(2) △BAO は、二等辺三角形、正三角形、直角三角形のどれでしょうか。

(3) (1)と(2)から、平行四辺形 ABCD はひし形といえるでしょうか。

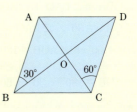

解説

平行線と角の性質を使って角度を求め、それぞれの図形の特徴を見ぬいて、どのような三角形になるのかを答えていきます。

　　　　　平行線の錯角は同じ

(1) ∠BAO ＝ ∠DCO ＝ **60°**（解答）

(2) 辺についての情報がないので角についての情報をできるだけ多く求め、それを手がかりにしていきます。

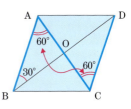

第 **9** 章　いろいろな平面図形

245

△BAO において　　　✎三角形の内角の和

∠OBA ＋ ∠BAO ＋ ∠AOB ＝ 180°

∠OBA ＝ 30°、∠BAO ＝ 60° より、

30° ＋ 60° ＋ ∠AOB ＝ 180°
　　　　　　✎30°と60°を移項
∠AOB ＝ 180° － 30° － 60° ＝ 90°

よって、△BAO は**∠BOA ＝ 90°の直角三角形**（解答）

(3) (2)より**対角線が垂直に交わる**ことから平行四辺形 ABCD は**ひし形**ということがわかります。（解答）

その2 平行線が作る相似な三角形

平行線に辺の長さや角度が絡んでくると、混乱してわからなくなります。

そうだね。いろいろな要素が出てくるからだと思うけど、相似な三角形に注目すると辺の比や角度がわかりやすくなるよ。

今までの知識が使えるなら、できそうです。考え方を教えてください！

平行線を横切る2本の線をかくと、主な図形は2種類できるから、それぞれ見ていこう。

基本図①：三角形を平行線で分ける

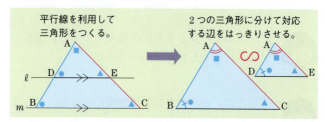

$\ell /\!/ m$ より、同じ印の角は同じ大きさになります。よって△ABC と△ADE の3つの角度が等しくなり「**対応する2つの角が等しい**」という相似条件を満たしているので△**ABC**∽△**ADE** が成立します。対応する辺の比は等しいので

AB：AD＝AC：AE＝BC：DE（基本図①の1番目の関係）

が成り立ちます。

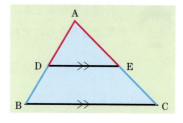

そして、さらに辺 AB と AC を点 D，E で分けて

AD：DB＝AE：EC（基本図①の2番目の関係）

も成り立ちます。

今度は、反対向きに相似な三角形が現れる図だよ。

基本図②：平行線にクロスする線

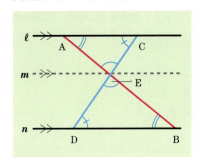

　同位角、錯角、そして対頂角も等しいので、同じ印の角が同じ大きさになります。よって、

　△EDB ∽ △ECA

対応する辺の比が等しいので

　ED：EC ＝ EB：EA ＝ DB：CA

三角形と見ることで、辺の比が同じ場所や同じ角度の場所も分かりやすくなりました！

今までやってきたことを活用できるからね。積み重ねの大事さもわかるね。最後に問題を解いてみよう。

例題 5

上の図でBC∥DEです。xとyの値を求めましょう。

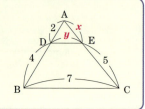

解説

平行線と辺の長さの問題は、相似の三角形を見つけて、対応する辺を考えます。

BC∥DE です。**基本図①の2番目の関係**（2辺を底辺に平行な線で分ける）を使うと楽にできます。

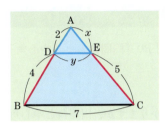

AD：DB＝AE：EC より

$2:4=x:5$

←外項の積＝内項の積

$2\times5=4\times x$

$4x=10$

$x=\dfrac{5\cancel{10}}{\cancel{2}4}=\dfrac{5}{2}$（解答）

y は、相似な三角形に注目します。△ABC∽△ADE なので

AB：AD＝BC：DE より $(2+4):2=7:y$

$6\times y=2\times 7$ ←外項の積＝内項の積

$6y=14$ より $y=\dfrac{7\cancel{14}}{\cancel{3}6}=\dfrac{7}{3}$（解答）

AD：DB＝y：7 としないよう注意しましょう。

［別解］x を、△ABC∽△ADE に注目して AD：AB＝AE：AC より $2:6=x:(x+5)$ から求める。

その3 円の円周角と中心角

● 円周角の定理

平面図形の最後は、円の「**円周角**」と「**中心角**」についてです。

名前でなんとなくわかりますが、円周角と中心角はそれぞれどの角のことを言うのですか？

円の中心をOとし、弧AB上にない円周上の点Pをとると、∠APBのことを弧ABに対する**円周角**、∠AOBのことを弧ABに対する**中心角**、さらに線分ABのことは**弦**というよ。

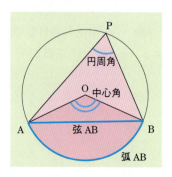

角というけれど、弧が大事なようですね。

そうなんだ。そして、同じ弧に対する円周角の大きさは一定で、その弧対する中心角の半分の大きさになる。これを円周角の定理というよ。

なるほど。例えばどのようになりますか。

例えば、次の図で、弧 AB に対する円周角の ∠AP₁B, ∠AP₂B, ∠AP₃B は全て 60°となり、中心角の∠AOB は 120°になるよ。

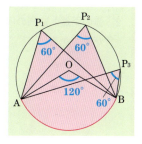

1つの弧に対して、円周角は何個もとることができそうですが、中心角は1つしかなさそうですね。

良いところに目を付けたね。だから、**円周角**は角度だけを見がちになってしまうのだけれど、角から一度弧に戻ることで、同じ大きさの角を見つけやすくなるんだ。次に、そのテクニックを詳しく説明しておくから、思考の流れを感じ取ってね。

弧に戻って円周角を見つけだすテクニック

❶ 弧 ⇄ 円周角の移動

1. 円周角をつくる弧をチェックする。
   Pを出発して目線を弧の方に移動していく。
2. 弧の両端と逆側の円周上の点を結ぶと同じ角度の円周角が見つかる。

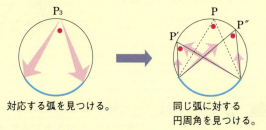

対応する弧を見つける。　　同じ弧に対する円周角を見つける。

❷ 円周角 ⇄ 中心角の移動

1. 角をつくる弧をチェック。円周角でも中心角でも弧に戻る。
2. 中心角＝2×円周角より、中心角や円周角の大きさがわかる。

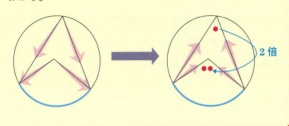

例題 6

∠x，∠y，∠z の大きさを求めましょう。点 O は円の中心です。

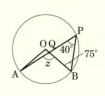

解説

円周角、中心角に対する「弧」をしっかりと把握して角を移していきましょう。ひっかけ問題に注意してください。

(1) 「中心角だから、2倍の $x=220°$ だ！」ではありませんね。「弧」に注目できましたか？ 円周角∠APBに対する弧は下側の長い方の弧ABです。

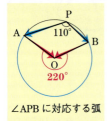

∠APBに対応する弧

✓大きい弧ABに対する中心角

∠APBの中心角は、大きい方の∠AOBで

$\angle AOB = 2 \times \angle APB = 2 \times 110° = 220°$

1周の角度は360°なので

$x + 220° = 360°$

✓220°を移項した

よって、$x = 360° - 220° = 140°$ (解答)

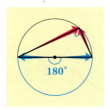

(2) 円の直径は中心角180°より

直径の円周角が y で

✓直径の円周角＝90°は覚えておくと便利！

$y = \dfrac{1}{2} \times 180° = 90°$ (解答)

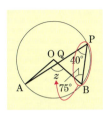

(3) ∠zを∠APBの中心角だと思い $40° \times 2 = 80°$ としてしまいませんでしたか？

∠zは△QBPで∠PQBの**外角**です。よって、他の2つの内角の和に等しいので、

$z = 40° + 75° =$ **115°**（解答）

(3)は円周角は使いませんでした。外角だということがわかれば意外と簡単だったと思います！

円に現れる直角三角形

さあ、ついに平面図形の締めくくりだ。円と三角形の関係だよ。

円と三角形は、あまり関係がないように思えますが。

ところが、とても密接な関係があるんだよ。例えば、円の中心と弦を結んだ三角形OABを考えてみよう。OA、OBは半径だから、円Oを頂点とする**二等辺三角形**ができるね。

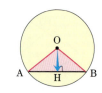

 本当ですね。

 補助線として、底辺に垂線を下ろしてみよう。すると、三角形OABは二等辺三角形だから、**合同な直角三角形△OAHと△OBHが現れる**ね。

 直角三角形なので「**三平方の定理**」も使えますね！

円の外から引いた接線

 円の「**接線**」は円周と1点で交わる直線のことをいい、このときの交わる点を「**接点**」といいます。

 何か特別な性質はありますか？

接点と円の中心を結ぶ直線と、接線のなす角は90°になるよ。 そうすると、ここでも**「合同な直角三角形」**が出現するね。

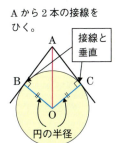

Aから2本の接線をひく。

接線と垂直

円の半径

 円の性質、直角三角形、二等辺三角形の性質が複合して登場してきたね。今までの復習にもなる問題を解いていこう。

 どの性質を使うのかを発見していくのか。なんだかワクワクしてきました！

 仕上げだからね。頑張っていこう！

例題 7

(1) 図1で、円Oの半径は3cm、弦ABの長さは4cmです。中心Oと弦ABの距離を求めましょう。
(2) 図2で、直線PAは円Oの接線で、点Aは接点です。円Oの半径が5cm、PAの長さが15cmのとき、POの長さを求めましょう。

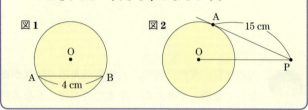

解説

「三平方の定理」を使うことのできる直角三角形を見つけ出しましょう。

(1) 中心Oから「補助線」として弦ABへ垂線をおろし、交点をHとします。そうすると、中心Oと弦ABの距離＝OHの長さとなり、直角三角形OAH、直角三角形OBHが出てきます。OAとOBは半径という点にも注意しましょう。

Oから弦ABに垂線を下ろし、交点をHとする。直角三角形OAHにおいてAHは弦ABの半分になるのでAH＝2 cm、OAは半径なのでOA＝3 cm

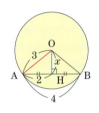

直角三角形OAHで**「三平方の定理」**より **OH^2 + AH^2 = OA^2** が成立する。
OH＝x cmとすると、
$$2^2 + x^2 = 3^2$$
$$x^2 = 3^2 - 2^2 = 9 - 4 = 5$$
$$x = \pm\sqrt{5}$$
$x > 0$ より $x = \sqrt{5}$〔**cm**〕（解答）

(2) この問題の補助線は中心Oから接線Aへの垂線です。直線PAは接線なので、OAとPAは垂直に交わります。

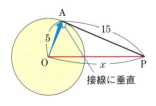

OAは半径なので、OA＝5 cm，PO＝x cmとします。
△OPAは直角三角形なので**三平方の定理**より **OA^2 + PA^2 = PO^2**

$5^2 + 15^2 = x^2$　　$x^2 = 25 + 225 = 250$

よって $x = \pm\sqrt{250} = \pm\sqrt{5^2 \times 10}$
　　　　　$= \pm\sqrt{5^2} \times \sqrt{10} = \pm 5\sqrt{10}$

$x > 0$ より $x = 5\sqrt{10}$〔cm〕（解答）

第10章

空間図形
立体図形

- その1 平面と直線の位置関係
- その2 柱と錐、回転体
- その3 空間図形の展開図

平面と直線の位置関係

空間における直線と直線の関係

空間における2直線の関係は3つあります。補助線ならぬ補助面を使いながら説明するよ。

補助面？　お願いします！

❶ 2直線 ℓ、m が1点で交わる

このとき2直線は同じ平面上にかくことができます。そして、平面上に平行でない2直線をかけば必ずこの関係になります。垂直に交わるときも含まれるね。

❷ **2直線 ℓ、m が平行である**

平行であるときも2直線を同じ平面上にかくことができるよ。

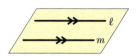

❸ **2直線 ℓ、m は平行ではないが、交わらない**

この場合の2直線が同じ平面状にあるときが「ねじれの位置にある」ということになるよ。

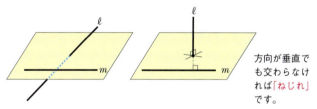

方向が垂直でも交わらなければ「ねじれ」です。

空間内における直線と平面の関係

こんどは、直線と平面の関係だね。「交点」に注目すると3つあるよ。

交わる、交わらない、他にも何かある、ということですね。では、説明をお願いします。

❶直線と平面が1点で交わる。
点Aは交点だよ。もちろん「垂直」に交わるときも含まれます。このときは、交点Aを通る平面上の直線の2本以上が直線 ℓ と垂直となっていることが条件です。

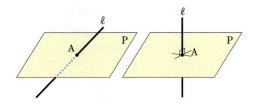

❷直線と平面が交わらない（交点がない）。
このときは、直線 ℓ と平面Pは平行になり、$\ell /\!/ P$ と表すよ。

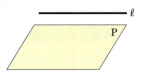

最後は❸直線 ℓ は平面 P に含まれる
平面上に直線を引けばこの関係になるよ。交点が無数にあるともいえるね。

平面上に直線を引けば、この関係になります。

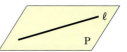

交点に注目したので、イメージしやすくなりました!

空間における平面と平面の関係

今度は、平面どうしの関係だよ。2つ説明します

お願いします!

❶平面 P と平面 Q が交わる
このとき、交わった部分は直線になり、交線といいます。垂直に交わる時は、1つの平面 P がもうつの平面 Q に垂直な直線 ℓ を含んでいる場合になるね。

面に垂直な直線とは、面上の2つ以上の直線と垂直の関係になるのでしたね。

 そう。よく覚えていたね！その補助線もひいてみよう。

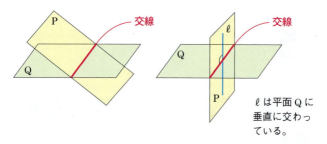

ℓ は平面Qに垂直に交わっている。

 ❷平面Pと平面Qが交わらない

このとき2つの平面は「平行」になり、両平面に垂直な線分ABの長さは、2つの平面の「距離」となります。

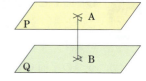

例題 1

図の直方体の辺や面について次の問いに答えましょう。

(1) 辺 AB に平行な辺と垂直な辺を全て答えましょう。
(2) 辺 AB とねじれの位置にある辺を全て答えましょう。
(3) 面 ABCD に平行な面と垂直な面を全て答えましょう。

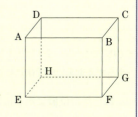

解説

何と何の関係であるのかをしっかりと意識して、用語の内容を確認しながら答えましょう。

(1) 辺（直線）と辺（直線）の関係が**平行**または**垂直**であるものです。

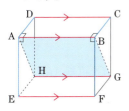

平行：AB を含む長方形 ABCD、ABFE の対辺は平行になるので、AB∥DC，AB∥EF。また、斜めに切った ABGH も長方形だから AB∥HG

垂直：AB を含む長方形 ABCD と ABFE に注目して、
AB⊥AD, AB⊥AE, AB⊥BC, AB⊥BF

平行：**DC、EF、HG**（解答）

垂直：**AD、AE、BC、BF**（解答）

★ DH、EH、CG、FG は AB と交わらないので垂直ではありません。まちがえやすいので注意しましょう。

(2) ねじれの位置にある辺は同じ平面上になく、平行ではありません。同じ平面にない辺は DH、CG、HG、EH、FG です。

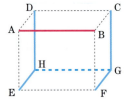

ここから AB に平行な辺 **HG** を除くと、**ねじれの位置にあるのは**
DH、CG、EH、FG（解答）

(3) 面と面が平行、垂直であるものです。

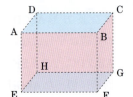

平行：面と面が交わらないので、
平面 EFGH（解答）

垂直：面に垂直な直線（AE、BF、CG、DH）を含んでいるので、

平面 ADHE、平面 BCGF、平面 ABFE、平面 CGHD（解答）

その2 柱と錐、回転体

● 柱、錐の作り方と特徴

柱や錐は立体図形の代表的なものです。立体は**平面**を出発とした作り方から特徴を理解していきましょう。まずは、「○○柱」の作り方です。「三角柱」を例に考えてみよう。

「○○柱」のつくり方

① 底面をつくり、合同な三角形をびっちりと垂直に重ねていく。

② 三角柱ができる

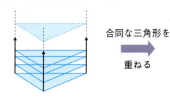

合同な三角形を重ねる

次は、「○○錐」の作り方です。「三角錐」を例にするよ。

「○○錐」のつくり方

① 底面の三角形をつくり、そこから頂点1点に集まるように相似な三角形をびっしりと重ねる

② 三角錐ができる

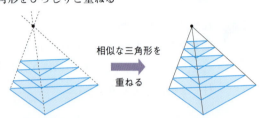

相似な三角形を重ねる

🟡 回転体はハンマー投げのイメージで

回転体を考える時にどんな図形ができるのか、イメージが湧きづらいです。

ここでは、ハンマー投げをイメージしてみよう。クルクルと人のまわりをハンマーが回っているときに、どんな図形ができるかな？

「円」だと思います。

そうだね、それこそが回転体の基本だよ！

回転体の基本

基本：回転軸 ℓ に垂直な直線を回転させると円ができます。

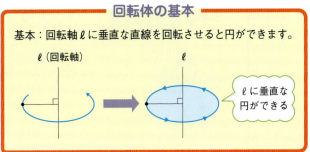

ℓ に垂直な円ができる

ある図形を回転軸 ℓ に関して回転させて「回転体」をつくるときには、回転軸に垂直な直線をいくつもつくり、それを回転させていくと回転体が見えてくるよ。「直角三角形」なら円錐、「長方形」なら円柱、「半円」なら球が浮かびあがります。

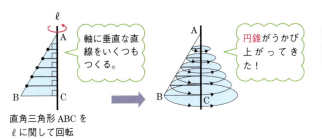

軸に垂直な直線をいくつもつくる。

円錐がうかび上がってきた！

直角三角形 ABC を ℓ に関して回転

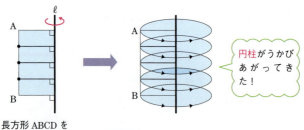

長方形 ABCD を
ℓ に関して回転

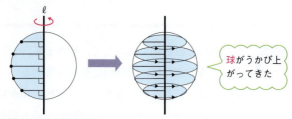

半円（ℓ上に直径がある）
を ℓ に関して回転

 だんだんと、図形が浮かび上がるようになってきました！

例題 2

図のような直角三角形 ABC から直角三角形 DBC を切りとった図形を直線 ℓ を軸にして回転させます

(1) この立体を点Pを通り、回転の軸に垂直な平面で切ると、どのような形になりますか。「大きい（ ① ）から小さい（ ① ）」を切りとった形、と表現してください。

(2) 軸に関して回転させたら、どのような立体ができるかを考えて「底面の半径が（ ① ）、高さが（ ② ）の（ ③ ）から底面の半径が（ ① ）、高さが（ ④ ）の（ ③ ）」をくり抜いた形と表現してください。

解説

回転体の基本は軸に垂直な線分を一周させて「**円**」にすることでした。切りとる場合も考え方は同じです。

(1) 回転体を回転軸に垂直な平面で切るとできる図形は、軸に垂直な直線を回転させた図形、つまり「**円**」ですね。

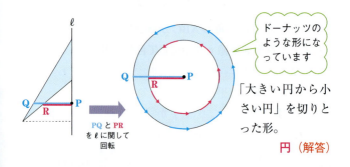

「大きい円から小さい円」を切りとった形。

円（解答）

(2) 立体として残る部分、くりぬく部分を意識して一周させていきます。(1)の結果も参考にしましょう。

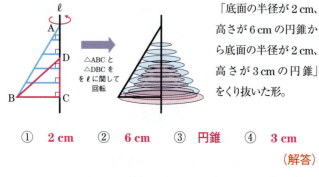

「底面の半径が2cm、高さが6cmの円錐から底面の半径が2cm、高さが3cmの円錐」をくり抜いた形。

① **2 cm**　② **6 cm**　③ **円錐**　④ **3 cm**

（解答）

★ △ABD の回転体を直接考えるよりも、△ABC の大きな回転体から、△DBC の小さな回転体をくり抜くほうが考えやすいですね。

その3 空間図形の展開図

● 基本的な展開図と作り方

展開図とは、図形を開いて、平面上に展(ひろ)げた図のことだね。

展開図を見ても立体が思い浮かばないのですが、ポイントはなんですか？

展開図から立体をつくるときは、**2つの辺をはり合わせて1つの辺にすること**だね。

では、どの辺とどの辺がくっつくのかを意識していけば大丈夫そうですね。

そうすれば、立体が浮かび上がってくると思うよ。展開図は何通りもかくことができるけど、ここでは一番簡単にできる方法を教えるよ。

お願いします！

展開図をかく基本は、**側面を開いて底面を上下につけるだけ**だよ。切り開いたところ（立体の図の太い線）は展開図では2つの辺として現れます。

❶ **三角柱・四角柱**（図は三角柱の展開図です）

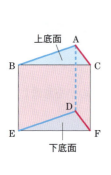
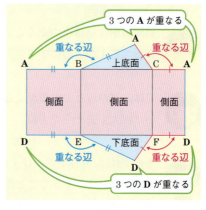

❷ 三角・四角錐（図は三角錐の展開図です）

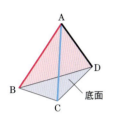
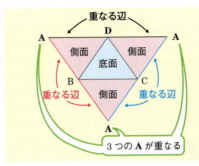

❸ 円柱

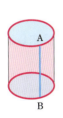
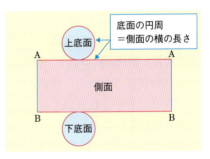

これは、展開図の「側面の長方形の横の長さ」＝「底面の円の円周の長さ」であることに注目しよう。

❹ 円錐

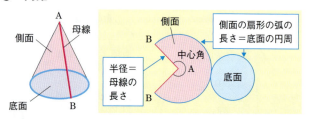

側面は必ず扇形になるよ。中心角に注意して、扇形をかいて、底面の円につけよう。

例題 3

図の円錐の展開図について、次の問いに答えましょう。

(1) 展開図にしたとき、側面になる扇形の半径と弧の長さを求めましょう。
(2) 側面になる扇形の中心角を「円周：弧の長さ＝360：中心角」の関係から求めましょう。

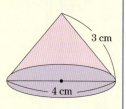

解説

展開図で一番捉えにくい形が「円錐」です。ていねいに母線、側面、底面の関係を考えていきましょう。

(1) 側面の扇形の半径は母線の長さに等しいので、

　　　　　　　　　　　半径は **3〔cm〕**（解答）

側面の扇形の弧の長さは底面の円周の長さに等しいので、

　弧の長さ＝底面の円周の長さ
　＝2π×(底面の半径)＝2π×2＝**4π〔cm〕**（解答）
　　　　　　　　　　　↖半径は2cm

(2) 扇形では**弧の長さ**と**中心角**が比例の関係にあります。また、1周の弧の長さ＝**円周**、1周の中心角＝**360°**です。それを活用した関係が、**円周：扇形の弧の長さ＝360：扇形の中心角**です。

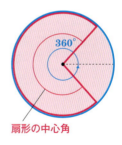

扇形の中心角

(1)より弧の長さ＝4π〔cm〕、また扇形の半径＝3〔cm〕なので、

　半径3cmの円の円周＝2π×(半径)＝2π×3＝6π

中心角を$x°$とおくと、$6\pi:4\pi=360:x$ が成立し、

　　　　　　　✓ 外項の積＝内項の積

$6\pi \times x = 4\pi \times 360$

$x = \dfrac{4\pi \times 360}{6\pi} = \dfrac{\overset{1}{4\pi} \times \overset{60}{360}}{\underset{1}{6\pi}\underset{1}{}} = 240$

よって、側面の扇形の中心角は **240°**（解答）

吉永豊文 （よしなが とよふみ）

　1973年生まれ。早稲田大学政治経済学部経済学科卒。
　受験時に理系の数学で偏差値が80を超えるようになる。浪人時代に、『英単語ピーナッツほどおいしいものはない』で有名な故清水かつぞー先生に師事し、将来同じ道を目指すことを決意する。
　大学生時代には、塾や家庭教師で教師の経験を積み、独自のテキストを次々と作成し、生徒に「わかりやすい！」「苦手科目が得意科目になった」と大評判になる。
　2005年に独立し「とよくん塾」の塾長となる。
「とよくん塾」は成績下位からでも難関大、医学部に合格する生徒が輩出されたり、受験の勉強だけでなく、未来を担うリーダーになるための勉強にもなる、と評判の、知る人ぞ知る塾となっている。YouTubeでも各教科の解説動画を配信している。
著者メールアドレス：toyokunjuku@yahoo.co.jp

本書は、2012年10月に小社より刊行された『中学3年間の数学を10時間で復習する本』を文庫化にあたり改題し、再編集したものです。

中経の文庫

中学3年間の数学をこの1冊でざっと復習する本
2016年12月15日　第1刷発行

著　者　**吉永豊文**（よしなが とよふみ）
発行者　**川金正法**
発　行　**株式会社KADOKAWA**
　　　　〒102-8177 東京都千代田区富士見2-13-3
　　　　0570-002-301（カスタマーサポート・ナビダイヤル）
　　　　受付時間　9:00～17:00（土日 祝日 年末年始を除く）
　　　　http://www.kadokawa.co.jp/

DTP ニッタプリントサービス　　印刷・製本 曉印刷

落丁・乱丁本はご面倒でも、下記KADOKAWA読者係にお送りください。
送料は小社負担でお取り替えいたします。
古書店で購入したものについては、お取り替えできません。
電話 049-259-1100（9:00～17:00／土日、祝日、年末年始を除く）
〒354-0041 埼玉県入間郡三芳町藤久保550-1

本書の無断複製（コピー、スキャン、デジタル化等）並びに無断複製物の譲渡及び配信は、
著作権法上での例外を除き禁じられています。また、本書を代行業者などの第三者に依頼して
複製する行為は、たとえ個人や家庭内での利用であっても一切認められておりません。

©2016 Toyofumi Yoshinaga, Printed in Japan.
ISBN978-4-04-601875-5　C0141

中経の文庫 **好評既刊**

大人のための読書の全技術

齋藤　孝

仕事に追われる現代人に必要なのは「読書」。本を読まなければ、いい仕事はできません。大学教授、テレビ出演、執筆と多忙な毎日を送る著者の、最強の読書術を伝授！「社会人が読んでおくべき50冊」リストつき。

中経の文庫 **好評既刊**

世界の非ネイティブエリートがやっている英語勉強法

斉藤　淳

ハーバード、プリンストンと並ぶ米名門校の教授法をベースに再構築！「目で見て・口を動かす」が「使える英語」の最短ルート。世界のエリートが実践している「語学習得の最短ルート」で誰でも英語をマスターできる。

中経の文庫 好評既刊

図解　中学３年間の英語を10時間で復習する本

稲田　一

大好評を博した英語図解ムックが文庫に！　英語の基本となる「中学３年間の英語」を１０時間で学習できるようにポイントを凝縮した"やり直し英語"の一冊。英語が苦手な人でも、やさしい授業形式でスッキリわかる！